Um Novo Impulso Astrológico

Trigueirinho

Um Novo Impulso Astrológico

IRDIN

Edição revisada

Texto de acordo com as novas regras ortográficas
da língua portuguesa.

*Os recursos gerados pelos direitos autorais de todos
os livros de Trigueirinho são revertidos na manutenção da
Fraternidade – Federação Humanitária Internacional
e suas afiliadas.*

Capa, revisão e diagramação:
Equipe de voluntários da Associação Irdin Editora

Dados Internacionais de Catalogação na Publicação (CIP)

Trigueirinho Netto, José

Um novo impulso astrológico / Trigueirinho. – Carmo da Cachoeira : Irdin, 2025.

225p.

Publicado originalmente: São Paulo : Pensamento, 1993

ISBN 978-65-88468-86-9

1. Ciências Ocultas. 2. Espiritualidade. 3. Esoterismo. I. Título.

CDD: 133

ASSOCIAÇÃO IRDIN EDITORA
R. Lourival Campos Reis, 426 - Bom Retiro
Carmo da Cachoeira – MG – Brasil | 37225-000
Tel.: +55 (35) 3225-2616
www.irdin.org.br

Esta edição foi impressa em setembro de 2025
na *Artes Gráficas Formato* em sistema offset, papel offset 90 g.
IMPRESSO NO BRASIL

Escutai-o em vós mesmos e vede-o no infinito do Espaço e do Tempo. Ali reboa o canto dos Astros, a voz dos Números, a harmonia das Esferas.

É cada sol um pensamento de Deus e cada planeta um modo desse pensamento. É para conhecer o pensamento de Deus, ó almas!, que desceis e subis penosamente o caminho de sete planetas e dos seus sete céus.

Que fazem os Astros? Que dizem os Números? Que rolam as Esferas? – Ó almas perdidas ou salvas, eles dizem, eles cantam, elas rolam – os vossos destinos!

Hermes Trismegisto

SUMÁRIO

PARTE III
MYCIEN

APÊNDICE

Este livro é uma contribuição à sintonia da consciência humana com padrões arquetípicos extraplanetários. Procura trazer novas nuanças da ciência da Astrologia ao mundo das formalizações, tarefa que transcende a análise mental e brota puramente da vivência e percepção internas.

Um dia o homem terrestre estará conscientemente em contato com constelações além das zodiacais. Essa ciência se abrirá, então, para âmbitos extragalácticos e, consequentemente, imateriais. A ele caberá descobrir esses caminhos, seguindo o que espelha a vida do cosmos.

Ao leitor

Sem jamais ter olhado pela janela,
podemos ver o caminho do céu.

I CHING

Quando, ao escrevermos O VISITANTE[1], a expressão *signos cósmicos* surgiu em nossa mente imbuída de um significado específico, soubemos que se aproximava o momento de nos abrirmos para percepções atualizadas a respeito da ciência da Astrologia. Diante dessa constatação, mantivemo-nos vazios e receptivos, sem expectativas.

Os assuntos esotéricos e místicos, em maior ou menor grau, sempre estiveram presentes em nossa vida. No entanto, por motivos que nunca procuramos compreender, jamais nos aproximáramos da Astrologia, nem dos métodos por ela empregados. Por outro lado, em instante algum, deixou de haver em nós abertura aos impulsos da realidade cósmica e ao desenvolvimento da consciência por intermédio do contato com universos tangíveis e intangíveis.

Tendo-nos ofertado para colaborar na realização do Plano Evolutivo, não nos cabia escolher o setor desse Plano

[1] O VISITANTE – *O Caminho para Anu Tea*, do mesmo autor, Irdin Editora.

para o qual canalizar nossa energia e potencial, mas, sim, ir ao encontro das necessidades. Desse modo, nosso serviço foi sendo pautado pelo que nos era apresentado para ser suprido em cooperação com Instrutores internos, membros da Hierarquia espiritual atuantes em âmbitos planetário e cósmico[2].

Da percepção dos níveis de energia que compõem um ser, fomos sendo conduzidos à compreensão dos níveis de existência planetários e, destes, a outros mais amplos. No decorrer desse processo, evidenciavam-se as transformações pelas quais a substância mental vai passando ao sintonizar com mundos abstratos e sua preparação para reconhecimentos cada vez mais abrangentes.

Fatos, que o véu do silêncio deve preservar, vão-se dando no interior do ser, e, a partir do estímulo trazido por eles, podem-se descobrir os legados disponíveis ao homem em níveis profundos da consciência. Essas descobertas trazem uma contribuição impessoal à vida planetária, pois tais legados fazem parte da sabedoria que se encontra nos níveis etéricos do cosmos, no eterno Akasha[3]. De acordo com as leis da revelação, a cada ser é facultado penetrar setores específicos desse acervo. Essa faixa de acesso é determinada pelo grau evolutivo do ser, pela trajetória que ainda tem a percorrer e também por suas coligações com linhagens hierárquicas e grupos suprafísicos que o apoiam em sua escalada.

---

[2] Vide SINAIS DE CONTATO e outros livros do mesmo autor, Irdin Editora.

[3] **Akasha**: conjunto de registros etéricos impressos em níveis de consciência sutis. Guarda informações sobre os diversos ciclos evolutivos dos universos que compõem o grande cosmos. Suas verdades mais profundas são colhidas pelas mônadas, por meio das quais podem ser transmitidas à consciência material do ser humano. Existem, porém, contatos com o Akasha que se dão em planos mais densos que o monádico, e as realidades assim captadas podem sofrer interferências e desvirtuamentos.

Todavia, embora essas leis da revelação sejam reais a partir de certo estágio de desenvolvimento, a consciência pode contatar livremente "chaves mestras" das diversas modalidades de sabedoria. O ser humano deve habilitar-se a isso, o que se consuma quando nele algumas sínteses internas se completam.

Do nosso mundo interior vinham-nos indicações, crescentemente precisas, para contatarmos um dos setores do grande arquivo cósmico. Sabíamos, pois, que penetrar o mundo da Astrologia, na realidade tão misterioso para a maioria, era uma tarefa que como grupo deveríamos assumir. Cabia-nos, também, para isso, seguir com disciplina e paciência cada uma das etapas, sucessivamente, sem procurar rasgar véus antes do tempo certo. Portanto, este livro reporta-se às constelações zodiacais hoje conhecidas, e não a outras, visíveis ou invisíveis, cuja existência já vislumbramos, mas que estão para ser mais amplamente descobertas em etapas futuras.

* * *

Há bastante tempo vêm sendo necessárias reformulações em vários campos do desenvolvimento terrestre. O fato de a consciência humana estar sendo intensamente estimulada a transcender o egotismo indica que a conjuntura energética do homem e da Terra não é a mesma de séculos atrás. Tome-se como exemplo a importante obra legada à humanidade por intermédio de Alice A. Bailey[4], na qual estão registrados ensinamentos e informações

[4] Vide The Rays and the Initiations, Alice A. Bailey, publicado por Lucis Trust.

que, em grande parte, correspondiam à situação planetária até 1975 aproximadamente[5].

Além disso, à medida que as vibrações das fraternidades cósmicas tocam a aura terrestre em maior grau e sem os filtros que existiam antes, a resposta à influência solar e à lunar vai aumentando, o que traz profundas e renovadoras transformações. Estamos numa fase em que os mistérios e os poderes do espaço sideral começam a revelar-se ao ser humano, e em que as vibrações disponíveis provêm de regiões que estão além do *círculo zodiacal*.

Impressões como essas iam-se firmando em nossa consciência, aprofundando as vias de contato com realidades intangíveis, processo que inclui os vários livros que publicamos. A experiência fez-nos saber que um importante serviço está sendo efetivado com a participação dos indivíduos e grupos que os leem, pois cada um que, com sincera abertura, acolhe a energia por eles transmitida amplia o canal que interliga a humanidade da superfície da Terra com fontes cósmicas sagradas. Uma rede energética vem sendo construída nos níveis sutis com base na sintonia dos que aspiram a servir à evolução, e, desse modo, pode-se colaborar com ela. Embora invisível e informal, o trabalho dos grupos internos é de imenso valor para o mundo.

As realidades aqui descritas poderão ser para o leitor o que foram para nós: uma porta aberta a um universo extremamente belo, que nos predispõe ao trabalho com padrões

---

[5] De um ponto de vista mais estrito, correspondem à situação planetária até 1949. Alice A. Bailey disse que haveria "um século de impulsos especiais" distribuído do seguinte modo: fase preparatória (impulso dado entre 1875 - 1890 por meio de H. P. Blavatsky), fase intermediária (impulso dado entre 1919 - 1949 por meio de Alice A. Bailey) e fase reveladora (que deveria emergir após 1975).

energéticos simbólicos, arquetípicos. Tudo o que até agora chegou ao conhecimento da humanidade de superfície da Terra, por meio de estudos astrológicos, diz respeito ao reflexo da atuação das Hierarquias cósmicas no âmbito deste sistema solar. O que é aqui apresentado também se relaciona à sua atuação nesse âmbito, mas visa sobretudo abrir caminhos, estimular o potencial intuitivo do leitor. Muito há ainda a ser revelado nesse campo, e cada vez que a consciência se volta para temas como este, aprofunda-se em si mesma. Desse modo, afina-se progressivamente com energias sutis, o que, por si só, justificaria esta obra.

Trigueirinho

Parte I
DESCOBERTAS

A viagem através do Cosmos

Uma nova Astrologia, a Astrologia de uma nova era, chegará ao conhecimento do homem apenas no ciclo vindouro, quando, após a inclinação do eixo magnético da Terra, a visão do cosmos tiver sido modificada por completo. A Hierarquia espelha fielmente a lei da economia; portanto, não sendo necessárias ao momento presente informações sobre essa Astrologia, não as transmite por ora. Fá-lo-á, porém, quando for oportuno e imprescindível, ou seja, quando a humanidade inteira tiver maior conexão com o lado interno e abstrato da vida.

O que emergia do nosso interior eram aspectos de uma ciência de inter-relações energéticas vinculadas à manifestação de um impulso interior. Segundo ensinamentos que durante anos recebêramos, e segundo o que essa ciência evocava, quando algo se dá no mundo concreto já se consumou em níveis sutis. Além disso, a cada instante há um ciclo que se finda e outro que tem início, e as conjunturas cosmogônicas que "abençoam" o nascer desses novos ciclos guardam as chaves básicas sobre seu transcurso.

Estando em sintonia com esse estudo, que podemos chamar de astrológico, certo dia surgiu aos nossos olhos internos uma imagem significativa. Diante dela, ficamos sabendo que certo percurso é realizado por todas as energias que se manifestam na vida material, e que nele estavam os sinais para percebermos as interações que são a base da ciência que nos estava sendo revelada.

Vinham, então, à nossa mente, os passos relativos a essa viagem cósmica.

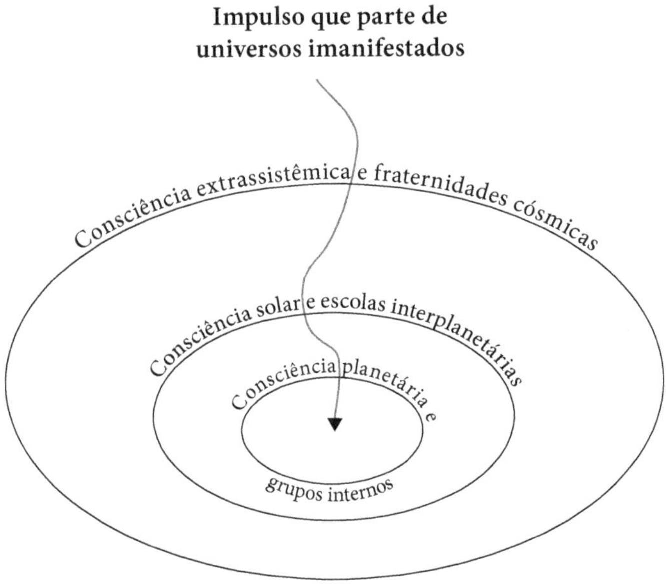

O princípio da vida está em universos que permanecem impenetráveis à mentalidade humana, enquanto esta se encontra circunscrita ao que se passa nos mundos concretos. Quando um impulso-vida parte dessas esferas profundas e misteriosas, ele é atraído por potentes vórtices[1] – congregações

[1] Vide Novos Oráculos, do mesmo autor, Irdin Editora.

formadas por entidades, seres, energias e vibrações – denominados fraternidades cósmicas. Esse impulso-vida é, então, reconhecido por esses vórtices, acolhido, dinamizado e potencializado, para prosseguir rumo ao seu destino.

Se estiver designado a ingressar na esfera de consciência de um sistema solar, é preciso que o regente do sistema o reconheça. E, se tiver de chegar até algum dos planetas desse sistema, terá de cruzar portais cósmicos vinculados a determinadas constelações. No caso da Terra, essas constelações são as que pertencem ao que se chama *círculo zodiacal*[2], por isso tiveram grande destaque desde épocas remotas.

Tanto uma energia que deve estimular uma obra evolutiva quanto uma mônada[3] que deve encarnar submetem-se a essas etapas. Quando passa pelos portais de ingresso no sistema solar, a mônada recebe a semente do corpo de luz e, se estiver prevista a sua encarnação em planetas que requeiram sua expressão por meio do corpo causal, o corpo da alma, é-lhe facultada também a chispa anímica, semente da expressão da alma.

No caso específico da Terra, por motivos ocultos e relativos a vínculos construídos em tempos longínquos, antes de a mônada ou de um estímulo cósmico chegar à sua aura, é

---

[2] O círculo zodiacal é uma faixa imaginária demarcada pela trajetória aparente do Sol, tomando-se como referência central a Terra. Vide desenho na página 54.

[3] **Mônada**: essência do ser que custodia seu relacionamento com a vida cósmica. Está polarizada em níveis que transcendem a vida intuitiva e espiritual e, quando desperta para a própria realidade, dirige-se num ritmo intenso e dinâmico ao encontro de um núcleo ainda mais profundo denominado Regente-Avatar ou Oitava Mônada, este com raízes em universos imateriais. Para maiores informações sobre os níveis de consciência do ser humano, vide O Nascimento da Humanidade Futura, do mesmo autor, Irdin Editora.

preciso que passe, ademais, pelo portal da Lua, onde absorve os padrões energéticos que lhe permitirão manifestar-se nos níveis materiais terrestres. Esse portal lunar marca a entrada em um nível intensamente ilusório, e prevalece ainda hoje como nos tempos pretéritos, quando a consciência lunar estava muito mais agregada à da Terra.

A cada encarnação de uma mônada ou a cada expressão de um estímulo imaterial, essas cerimônias de cruzamento de portais se repetem. Delineia-se assim, no decorrer do trajeto, a história de cada impulso-vida, e sua consumação nos planos densos é então, como dissemos, tão somente um reflexo de algo já realizado nos planos abstratos.

Com base nisso, reconhecíamos que alguns pontos são relevantes no momento em que um impulso-vida cruza esses portais:

- A posição em que o Sol se encontra revela quais são as energias que revestirão a essência interior desse impulso naquele ciclo de manifestação.
- A posição da Lua indica, entre outros fatores, a intensidade da atuação de fogos materiais e sua incidência no transcurso desse ciclo.
- Os planetas que formam o círculo imediato em torno do Sol denotam quais as energias que estarão mais diretamente influindo no desenrolar do ciclo[4] em

[4] Como Mercúrio e Vênus têm órbitas menores do que a da Terra, provavelmente serão encontrados sempre próximos ao Sol, tendo, portanto influência marcante sobre a Terra. Blavatsky transmitiu chaves importantes sobre a ascendência de Mercúrio nesta época, ao revelar que ele rege a Quinta Raça. Vênus, como se sabe, é um do núcleos tutelares do desenvolvimento espiritual da humanidade de superfície terrestre. Para maiores informações sobre a raça humana atual, vide A Quinta Raça, do mesmo autor, Irdin Editora.

questão, e os que estão próximos à Lua trazem chaves importantes sobre os aspectos dos fogos materiais que estarão, então, ativos. Esses planetas, além de interagirem com a energia das constelações zodiacais, atuam diretamente sobre o canal por onde o fluxo de energia passa até chegar ao destino.

Apesar da validade desses pontos e de sabermos que eram básicos para os estudos que teríamos de fazer, *algo* nos dizia que eram apenas a ponta de um *iceberg*, na realidade, tudo estava para ser descoberto.

Se achas que as revelações demoram a vir, alegra-te, pois estás recebendo um preparo mais profundo e tendo a oportunidade de prestar maior serviço enquanto as aguardas.

Se achas que estão vindo depressa demais, alegra-te, pois assim torna-se mais próxima a hora do Encontro.

Se tanto a demora quanto a rapidez te forem indiferentes, alegra-te, pois Eu e tu somos Um.

Arcanos do Sistema Solar

No decorrer desse processo, em que percebíamos as noções básicas de novas nuanças da Astrologia, sentíamo-nos como alguém que vai em busca de um ponto longínquo no horizonte, mas que para alcançá-lo tem de avançar passo a passo. Estávamos também cientes de que a caminhada é infinita e o horizonte permaneceria sempre inacessível, como um desafio, estimulando-nos a descobrir maneiras de atingir o inatingível.

É preciso emergirem na consciência da humanidade terrestre de superfície noções acerca do contato com as fraternidades cósmicas e da ascendência das energias delas, sobre as manifestações na vida concreta. No entanto, antes de alcançar esferas tão amplas, há que penetrar certas facetas das vibrações existentes neste sistema solar.

Ao nos abrirmos para a percepção das qualidades energéticas dos astros do plano físico deste sistema solar, compreendíamos o porquê de, em épocas passadas, a Mitologia ter exercido tão grande influência sobre nós e vimos a importância de tantos momentos vividos em grata contemplação do cosmos, de suas luzes e mistérios.

Os mitos e os símbolos, que têm sentido espiritual, despertam a consciência para o mundo abstrato, colocam-na em sintonia com arquétipos e, assim, constroem bases para que o ser se polarize além da mente concreta, que é árida e cujo funcionamento se baseia na análise e na dedução, restringindo o desenvolvimento intuitivo. A possibilidade de um conhecimento, não engendrado pela mente, surgir na consciência de um indivíduo depende, entre outros fatores, da plasticidade e flexibilidade de sua substância mental diante de realidades sutis que transcendem a lógica.

* * *

Tendo em conta que a maioria dos astros que compõem este sistema solar são invisíveis, apresentamos abaixo algumas de nossas primeiras impressões internas acerca dos seus astros visíveis, mensageiros de uma vida intangível, na qual a realidade tem origem.

Sol

Rege o contato da personalidade com a alma e, num plano mais profundo, em conjunção com as energias transmitidas por intermédio de Júpiter, custodia o relacionamento entre mônada e Regente-Avatar. É o núcleo que define as influências mais marcantes na esfera energética do ser quando ela se manifesta externamente. Os astros que se posicionam em torno dele revelam o grau em que a consciência responderá aos estímulos que recebe do mundo espiritual e do mundo material.

Sendo a fonte de vida deste sistema solar, rege também a existência de todas as suas partículas, encaminhando-as pela senda da união. A energia espiritual que provém desse astro é de extrema importância para a fase evolutiva atual da Terra, fase que a colocará em sintonia com um espectro vibratório mais amplo e elevado.

Mercúrio

Atua de modo marcante no plano mental, tanto nos subníveis concretos quanto nos abstratos. Favorece o desenvolvimento científico e o contato com símbolos, ao mesmo tempo que propicia a elevação do homem, da mente concreta à abstrata. A posição de Mercúrio no círculo zodiacal indica se essa elevação ocorrerá com maior ou menor facilidade.

Sua luz brilhante expressa o poder místico que dele emana, e sua irradiação provê bases firmes para que o ser humano assuma o serviço evolutivo incondicionalmente. Onde há uma necessidade real, existe sempre um fio que permitirá à energia de Mercúrio vir em auxílio. Não foi somente a Medicina, em sua concepção original, que contou com o impulso da consciência mercuriana; a maioria das ciências tem fortes vínculos com ela.

A energia de Mercúrio tem notável participação na vida ativa da humanidade, principalmente nos trâmites econômicos mundiais. Com respeito à evolução dos seres humanos, uma das suas grandes contribuições é conduzi-los à androginia[1].

Sua proximidade física ao centro do sistema solar revela o potencial de que dispõe para aproximar, da Fonte, a consciência. Na Mitologia, Mercúrio era conhecido como o *mensageiro dos deuses* e, no que se refere ao Reino Humano, ele é o que torna viável a ligação entre o que está em cima e o que está embaixo. Daí sua relação direta com o plano mental, plano intermediário entre os níveis materiais e os superiores – o intuitivo, o espiritual e o divino.

---

[1] Sobre androginia, vide Novos Oráculos e Hora de Crescer Interiormente – *O Mito de Hércules Hoje*, do mesmo autor, Irdin Editora.

Assim como os Instrutores ligam-se aos discípulos por fios magnéticos invisíveis, uma consciência planetária mais evoluída, que já tenha transcendido certos estágios de desenvolvimento, vincula-se a outras que estejam passando por eles. Esse é um dos modos de interação da consciência venusiana com a terrestre.

Vênus é um planeta que penetrou graus profundos de expressão do aspecto *consciência*, uma das manifestações do Segundo Raio[2] . Por isso sua irradiação atua intensamente sobre o caráter dos seres humanos, auxiliando-os no alinhamento com a própria essência. Muitos dos guias da humanidade terrestre em tempos passados eram seres provenientes de Vênus. Os grandes sacerdotes[3] nele encontram um vasto campo de aprofundamento da própria senda ascensional.

A rebeldia que pode ser estimulada pelos aspectos inferiores da energia de Marte e a degeneração que proliferou na Terra tiveram Vênus como polo equilibrador, pois este continuamente atraiu tais planetas para níveis mais sutis, valendo-se, para isso, da irradiação de amor supremo que lhe é peculiar.

---

2 **Segundo Raio**: energia de Amor-Sabedoria. Os Raios são expressões da Energia Única, revelando, cada um deles, qualidades que lhe são peculiares. Sobre a atuação dos Raios no homem, vide A ENERGIA DOS RAIOS EM NOSSA VIDA, do mesmo autor, Irdin Editora.

3 **Sacerdotes**: no contexto deste livro, esse termo refere-se a seres que, tendo conhecimento da lei que rege a evolução dos universos, são dela exemplo vivo. Embora enquanto na Terra possam ter-se integrado às atividades de alguma religião ou mesmo dado origem a elas como uma forma de serviço, seu vínculo primordial é com a Fonte Una, de onde tudo provém. Vide PASSOS ATUAIS, do mesmo autor, Irdin Editora.

Quando toca uma base receptiva às realidades supranaturais, a energia venusiana estimula sobremaneira a manifestação da beleza e da harmonia, pois unifica as vibrações dessa base com padrões cósmicos de ordem e perfeição. Sua participação numa conjuntura energética propicia a expressão de tudo o que é sagrado. No entanto, pode também despertar paixões movidas por forças instintivas, capazes de ofuscar completamente a razão e a percepção superior. Dependendo do polo que filtra as vibrações de Vênus – se o Sol ou a Lua –, ganharão maior proeminência os seus aspectos evolutivos e sutis ou os involutivos e materiais.

Marte

É um dos vórtices polarizadores dos fogos fricativos neste sistema solar. No ser humano, cuja vida se restringe aos planos materiais, esse planeta atua preponderantemente com base nesses fogos. Nesse ser, que não tem as energias de seus corpos transmutadas, Marte pode acentuar a tendência subjetiva ou externa a embates e contendas, influência que, se não é equilibrada por emanações harmonizadoras, leva-o a contínuos desajustes consigo mesmo e com o ambiente que o cerca. O espírito aventureiro, errante, é também uma faceta que essa influência pode despertar.

No entanto, a luz avermelhada de Marte traz à consciência a certeza de que outros aspectos são por ele estimulados, aspectos evolutivos[4]. Pouco a pouco, pode-se descobrir que a

[4] Praticamente todas as sondas enviadas pelos cientistas terrestres ao planeta Marte desapareceram. Esse fato não é fortuito, como também não é casualidade o surgimento do desenho de um rosto humano na fotografia da superfície de Marte tirada em 1976 pelas naves-gêmeas Viking. Se compararmos aquela "formação" com as pedras do Vale de Erks, na Argentina, onde os contornos das montanhas também figuram seres humanos,

presteza para socorrer em momentos de emergência social é uma das virtudes superiores impulsionadas por sua energia. Todos os grandes serviços assistenciais que emergiram na Terra contaram com seu ímpeto.

Em síntese, se há tendência à desarmonia, a vibração de Marte agrava os distúrbios; mas se há disponibilidade para ir ao encontro das mais prementes necessidades, esta é dinamizada. Como a maioria da humanidade terrestre não transcendeu o egoísmo, a influência desse planeta, de modo geral, incita-a às lutas e aos conflitos.

Do ponto de vista da evolução interior, o estado de consciência que se expressa por intermédio de Marte cumpriu até hoje a função daquilo que, em psicologia esotérica, se denominou *Escola de Guerreiros*, a linha de serviço dos que possuem a capacidade de defender metas evolutivas em meio a estados caóticos para que leis cósmicas se possam implantar e expressar.

Lua

Se sintonizarmos com a sabedoria oriental, poderemos perceber aspectos reveladores da natureza da Lua. Poderemos vê-la como uma princesa que, mesmo tendo tido a oportunidade de desfrutar as glórias da nobreza, se degradou, entregando-se aos hábitos primitivos dos seus súditos e tendo, em

---

veremos que há uma linguagem simbólica comum, própria de elementos extraplanetários. Os cientistas, contudo, com sua mentalidade estreita, afirmam que o desenho é uma ilusão produzida pela luz e sombra. Marte pode transmitir a impressão de impulsionar reações fortes, passionais, mas esse é um aspecto decadente, que só persiste na sua vibração externa, um estado que não espelha a essência. A vida nesse planeta conseguiu vincular-se à Hierarquia Cósmica e suas frotas siderais. Aquele rosto é um sinal muito significativo para os que "têm olhos para ver".

decorrência disso, o destino de estar atada às consequências trazidas pelas forças com as quais se envolveu. Assim, a Lei ordenou-lhe: "Chandra[5], tua face resplandecerá plenamente a luz apenas por um segundo, para então te precipitares numa obscuridade que também perdurará nada mais que um breve momento. Oscilarás, pois, entre a plenitude e o vazio, e nessa alternação permanecerás pela inconstância que obstinadamente perpetuastes – tal será tua sina, até que te seja tirado o último dos fardos".

Num tempo imemorial, no conjunto que corresponde ao que é hoje este sistema solar, havia um planeta que poderia desenvolver-se em rotas ascendentes contando com uma poderosa base externa. No entanto, a humanidade que nele evoluía deixou-se seduzir pela fruição dos bens materiais, distanciando-se dos verdadeiros valores. A perda dos parâmetros de uma vida elevada chegou a tal ponto que o prosseguimento da evolução ali atingiu limites de inexequibilidade. Esse planeta foi a origem do que hoje são a Terra e a Lua: a parcela inerte, composta de forças de estagnação, concentrou-se na Lua, ao passo que a parcela que poderia retomar vias superiores concentrou-se na Terra.

Através dos ciclos que se passaram desde então, a energia da Lua tem sido continuamente trabalhada por legiões de consciências a serviço no cosmos, a fim de elevá-la. Está próximo o tempo em que seu carma material estará equilibrado, e, a partir daí, ela não mais se constituirá um astro físico denso[6].

---

[5] Uma das denominações dadas à Lua, em sânscrito.

[6] Para outras informações sobre a Lua, vide o Apêndice deste livro, e também A Quinta Raça e Sinais de Contato, do mesmo autor, Irdin Editora.

Os vínculos criados no passado entre a Terra e a Lua, que ainda persistem, estão passando por importantes mudanças nesta época atual, de transição. Ao fim desta etapa de transformações básicas, a vida terrestre terá muito menor envolvimento com fogos materiais e conflituosos, e os aspectos negativos da influência lunar estarão reduzidos.

Júpiter

A consciência solar percorre trilhas análogas às dos seres humanos, cumprindo etapas de evolução por meio das quais desenvolve graus de expansão tais que deixa de ser um ente individual para tornar-se expressão de uma conjuntura mais ampla.

Júpiter é fruto da transcendência da individualidade solar. O seu surgimento marcou a etapa em que este sistema solar se reconheceu como expressão de uma energia transcendente. Por isso se diz que Júpiter reflete a face do Deus Supremo, e que sua energia rege os homens e os seres de todos os Reinos da Natureza. Pode-se afirmar simbolicamente que, por sua impessoalidade, é o mensageiro da justiça e da lei cósmica. Uma potente ligação com a verdade provém do contato com suas vibrações. Canaliza o Primeiro Raio[7] neste sistema solar, e tem grande ascendência sobre as questões governamentais da Terra.

O relacionamento energético de Júpiter com o Sol e com Vênus é de grande importância para o avanço do ser humano terrestre.

Saturno

Ao nos abrirmos ao contato com essa energia, veio--nos à consciência uma visão permeada por elemento da

7 **Primeiro Raio**: energia da Vontade-Poder.

Mitologia grega: ao lado de um Grande Imperador estava aquele cuja existência permitia o correr do tempo, com seus ritmos, oportunidades e dádivas. Era *Kronus*[8], o Senhor dos Ciclos.

A energia de Saturno é extremamente misteriosa. A princípio, a impressão que transmite é a de que está presente em tudo, como um substrato, e com uma neutralidade que beira à transparência; portanto, suas características são difíceis de ser percebidas pela mente racional. Todavia, essa dificuldade desaparece quando o indivíduo abdica da lógica e aceita, sem impedimentos, o que lhe é interiormente revelado.

Pode ocorrer, muitas vezes, de um obstáculo tornar-se a chave que liberta a consciência de determinado impasse. Tal foi o caso no nosso processo de sintonia com Saturno. Durante algum tempo, tínhamos a atitude de tentar contatar sua energia procurando conhecê-la. Apesar de sabermos que o acesso a ela estava disponível, deparávamo-nos com um estado que incluía expressões energéticas potentes, mas dado algum nos transmitia além de uma penetrante neutralidade. E prosseguíamos buscando compreender essa neutralidade. Quando, porém, deixamos de insistir em desvendar aquele aparente vazio e o assumimos como a realidade, a compreensão emergiu sem empecilhos.

Assim é o *tempo*: um substrato intangível e impalpável que forma as bases para que a evolução transcorra. Essa possibilidade de criar estruturas para que a lei evolutiva se cumpra sintetiza muitos aspectos da vibração de Saturno.

A energia saturniana exprime-se por intermédio do ser humano evoluído como capacidade para controlar os

[8] Nome dado pelos gregos a Saturno.

campos de força da matéria e neles plasmar o necessário para a consecução do propósito evolutivo. Saturno está especialmente ligado ao Sétimo Raio, energia da ordem e do cerimonial interno, de fundamental importância nesta época de transição.

Plutão e Netuno

Esses planetas têm grande influência sobre as forças mais densas dos corpos humanos: tanto as instintivas (que recebem influência mais direta de Plutão), quanto as emotivas (sobre as quais Netuno tem maior ascendência).

Embora aspectos elevados que emanam desses núcleos existam e sejam perceptíveis, são ainda praticamente desconhecidos do homem atual. Plutão, por exemplo, custodia as chaves para o contato com os mundos intraterrenos e Netuno trabalha na construção de elos entre a consciência terrestre e a de planetas mais sutis, nos quais alguns reinos atingiram elevados níveis de perfeição. Os golfinhos são um dos exemplos, na Terra, dessas ligações com mundos superiores firmadas por Netuno.

Netuno simboliza um dos regentes do elemento água e, portanto, sua energia é dotada de fluidez, de receptividade e de grande adaptabilidade ao meio que a circunda. Já Plutão pode estimular o discernimento do ser em relação às vibrações com as quais deve interagir.

É preciso que a consciência terrestre avance, para que estados superiores desses planetas possam ser reconhecidos e contatados, o que se dará em etapas futuras.

Urano

Propicia a coligação do homem terrestre com a realidade primordial, isenta de formas; facilita sua interação com planos de existência imateriais e incorpóreos, e reflete energias da fonte que alenta o mundo manifestado.

Tem um significado muito oculto na vida de todo sistema solar e de cada ser que nele habita. A semente que deu partida à materialização deste sistema está recolhida e resguardada nos níveis profundos de Urano; daí alguns perceberem sua energia como um reflexo de uma fonte criadora que, após realizar a obra, observa em silêncio sua evolução.

Por tudo isso, Urano desperta poderosamente no homem a busca pela vida abstrata e imaterial. É como um ímã que com grande potência o atrai para níveis supra-humanos.

A influência de Urano no que concerne ao desenvolvimento do ser humano terrestre é em parte conhecida, expressando-se nos ciclos de sete anos que são a base de muitos processos de crescimento e maturação. O mês uraniano equivale a sete anos terrestres. Dado o potencial custodiado pela consciência de Urano e sua inter-relação com a elevação da vida na Terra, os setênios encerram chaves que, corretamente compreendidas, permitem à consciência colaborar efetivamente na evolução.

A cada ciclo que se encerra, Urano irradia um estímulo de ruptura e libertação de velhos padrões, de modo a permitir o advento de novos tempos. Quando há resistência a esse impulso, instala-se uma crise, em geral trazendo dor e sofrimento, pois a energia de Urano busca despertar o ser, retirá-lo da acomodação e da inércia, e integrá-lo a uma existência livre, ampla e unificada à sua origem divina.

* * *

Atentos ao ponto ao qual tínhamos de chegar, não descuidávamos de ir adiante. A etapa seguinte não nos era totalmente desconhecida; sabíamos que seria necessário percorrer o cinturão das constelações zodiacais. As etapas dessa viagem interior iam-se mostrando aos poucos.

Seguindo os passos de Apolo

Diziam os antigos gregos que certa vez Zeus, o rei do Universo, chamou Apolo (o Sol) e designou-lhe a tarefa de iluminar seu reino. Para isso ele deveria percorrê-lo inteiro, visitando a cada mês uma das suas regiões e hospedando-se nos palácios que nelas havia.

Esses *palácios* apresentam características da região em que se encontram; e, assim como, ao nos hospedarmos em um local, nos adaptamos ao seu ritmo, o Sol recebe a cada período a influência de uma das constelações do zodíaco e transmite à Terra suas qualidades específicas. O mesmo é válido para a Lua e para cada um dos planetas do sistema solar: transmitem à Terra suas próprias emanações mescladas com a nota peculiar da faixa zodiacal que atravessam.

Para melhor compreendermos a conjuntura energética de determinado ciclo do ponto de vista astrológico, é bom sabermos as qualidades que as constelações zodiacais irradiam. Esse conhecimento deve emergir do mundo abstrato do próprio indivíduo para que seja efetivo e profundo, pois a meta principal de um estudo dessa natureza é colocar a consciência em sintonia com planos superiores de vida. No entanto, como a vibração dessas constelações cria padrões arquetípicos, é também útil e necessário transmitirmos ao leitor algumas noções que lhe sirvam de base para posterior desenvolvimento.

O zodíaco é conhecido há muito tempo, e as influências de suas constelações eram outrora levadas em conta tanto nas atividades religiosas quanto na organização de atividades agrícolas, em sucessivas civilizações. Nos primeiros calendários, a constelação de Touro era adotada como referência para marcar o início do ano, pois, na época, o equinócio de primavera ocorria nessa área do círculo zodiacal. Já os calendários babilônicos, usados entre 2150 a.C. e o ano 0, adotaram para esse fim a constelação de Áries, onde, naquele período, o equinócio de primavera ocorria. Durante os últimos dois mil anos, o equinócio de primavera deu-se na constelação de Peixes, e vive-se hoje uma etapa em que o ponto desse equinócio (dito *ponto vernal*) ingressa na constelação de Aquário.

De certa maneira, o interesse pela abóboda celeste é tão antigo quanto a humanidade. Mesmo nas mais rudimentares inscrições pré-históricas, encontram-se símbolos que revelam isso. Nos arquivos sutis da espécie humana, há legados, hoje ocultos da maioria, de profundos conhecimentos sobre sua interação com o cosmos. Atestam que as constelações sempre foram reconhecidas como vórtices de energia por intermédio dos quais são transmitidos aspectos da Grande Vida que sustém todos os universos.

Cabia-nos contatar alguns desses poderosos vórtices, e ao nos prepararmos para ingressar nesses *palácios* do zodíaco, deparamo-nos com Áries, o primeiro a abrir suas portas para nos acolher.

Constelação de Áries

Deixando-se enveredar pelos registros sutis de ciclos passados, a consciência encontra dados significativos sobre as energias que influíram na evolução da humanidade de superfície e que se manifestaram por intermédio dela, e assim pode compreender algumas qualidades de vórtices cósmicos, como a constelação de Áries.

Em certo período do desenvolvimento de vários povos antigos, a imagem do boi (ou do touro, e também a do bezerro) tinha uma potente carga simbólica, que em última instância sintetizava as vibrações daquela fase, como sabemos, eivada de lutas movidas pela paixão e pelas forças irracionais e instintivas do ser humano. A maioria era arrastada à sensualidade sem colocar limites que pudessem auxiliar a elevação dessas forças. No entanto, a partir de certo momento surge na história a imagem do cordeiro, sereno, extremamente persistente e determinado.

A potência criadora da essência energética do Touro, que estava sendo canalizada só para aspectos inferiores, teria de ser sublimada. Assim começa a atuar a energia do cordeiro, que exprime também o poder de criação, porém voltado para manifestações universais e mais receptivo aos estímulos evolutivos do cosmos.

Desse modo, introduziu-se na vida de superfície terrestre um novo impulso que, indubitavelmente, marcou o início de um ciclo. Com referência aos textos bíblicos, nota-se que, por intermédio de Moisés, a consciência humana transmigrou do símbolo do "bezerro de ouro" ao do carneiro, fato que colaborou para que ela se elevasse do plano das emoções ao plano da mente. Esse avanço não diz respeito a um grupo apenas, mas à vida planetária em geral, e é reflexo da ação de Áries sobre a Terra.

Áries estimula a sintonia do plano mental com níveis superiores, para o que é necessário que a tendência pacífica prevaleça sobre o impulso ao embate. Tem uma qualidade desbravadora e pioneira, que se firma na fidelidade à meta superior. Segundo os gregos, era o primeiro *palácio* visitado por Apolo em sua jornada, e isso não é casual, pois, em Áries, encontra-se o potencial para conduzir a vida externa à evolução, a energia capaz de superar a inércia e dar partida a um ciclo em maior conformidade com metas suprafísicas.

Constelação de Touro

Os impulsos da emotividade, sensualidade e sexualidade sempre tiveram o touro como um dos seus símbolos. Todavia, a identificação da energia taurina com tais impulsos é real apenas enquanto a consciência do homem está polarizada em níveis materiais e dominada por eles, e tem sido agravada por sua excessiva focalização de realidades exclusivamente externas. Limitou-se assim o surgimento, na Terra, de facetas superiores das influências trazidas por essa constelação.

Estando receptivo ao que é irradiado pelo vórtice cósmico formado por ela, o homem terrestre pode desenvolver o controle de seus potenciais e energias criativas, e tornar-se instrumento para a manifestação do Plano Evolutivo. A canalização do próprio desejo para metas superiores desperta-lhe a capacidade de aglutinar as forças, energias e substâncias necessárias para plasmar, nos níveis materiais, obras valiosas.

O símbolo do touro não foi ainda compreendido pela maioria dos homens; a oportunidade que tiveram de entrar em contato com os aspectos sublimes da energia que ela vela, foi em geral malbaratada pela ânsia de prazer, e seu potencial não foi plenamente utilizado na superfície da Terra. Será numa volta acima da espiral evolutiva, quando a vida planetária se tiver depurado de seus aspectos mais grosseiros, que as nuanças superiores da energia taurina encontrarão na humanidade terrestre, de um modo geral, canal para expressar-se.

Constelação de Gêmeos

Segundo a Mitologia grega, certa vez Leda, rainha de Esparta, foi seduzida por Júpiter, que para isso se transformara em um belíssimo cisne.

Dessa união surgiram dois ovos, dos quais nasceram Castor e Pollux. Júpiter reconheceu Pollux como filho e a ele concedeu a imortalidade. No entanto, Castor permaneceu mortal, e era tido como filho do rei de Esparta, esposo de Leda. Independentemente das diferenças de paternidade que lhes eram atribuídas, Castor e Pollux cresceram unidos por profundo amor.

Num combate de que ambos participaram, Castor foi morto, e Pollux, vendo o destino do irmão, rogou a Júpiter que dividisse com ele sua imortalidade. Assim foi feito.

A essência da vibração de Gêmeos está contida nesse mito. Ela aproxima e une o mortal ao imortal. Harmonizar o mundo das formas com o que o alenta é uma das decorrências do contato com a energia de Gêmeos. Um vínculo de amor une a chispa interna à sua projeção no mundo concreto, e é esse vínculo que, fortalecido pela unicidade de propósito, permite o resgate da consciência material e a integração de sua energia a níveis superiores, imperecíveis.

A união desses vórtices faz com que o impulso-vida manifestado na matéria descubra que a realidade é bem mais ampla do que a princípio poderia imaginar.

Constelação de Câncer

No desenvolvimento de um ser, de um grupo, de um planeta ou mesmo de conjunturas cósmicas, chega-se a um ponto em que é preciso assumir, também na vida material, certos votos que dizem respeito a estágios mais avançados do Caminho. A partir desse ponto, em maior grau, começa-se a reduzir o descompasso até então existente entre os níveis externos e os internos, descompasso que é fruto da identificação da consciência com valores que não correspondem à aspiração dos seus núcleos profundos. O advento e a assunção dessa mudança é uma obra da energia de Câncer.

Uma imagem esclarecedora surgiu-nos quando penetramos em consciência essa área do zodíaco: vimos uma escada e pés que decididamente a galgavam. Estava implícito na imagem um impulso que levava aqueles pés de um degrau a outro, mas o que se evidenciava nela era o momento em que os pés tocavam cada degrau. Via-se que é nesse momento que existe a possibilidade de se reunirem forças para novamente avançar. Essa é a chave para se compreender a energia de Câncer.

Quando a consciência se alinha com sua meta interior, sua expressão externa aperfeiçoa-se e as emanações dos níveis intangíveis chegam mais livremente à vida concreta, nutrindo-a e revitalizando-a. A partir de então, a consciência estará mais apta para perceber o mundo das energias, o mundo real, onde estão as causas do que se passa no mundo das formas.

Constelação de Leão

A pouca clareza que o homem terrestre tem sobre o caminho que deve assumir resulta no desconhecimento e no uso incorreto da energia do poder. Apesar de que o primeiro passo para o relacionamento superior com ela seria permitir que se dissolvam os próprios vínculos com forças egoístas e materiais, de maneira geral ele se vale desse manancial infinito exatamente para realizar desejos medíocres e somíticos.

A energia do poder é por si expansiva, ampliadora. É capaz de romper barreiras que limitam e estancam a manifestação do impulso-vida, permitindo que um âmbito restrito seja absorvido em esferas mais abrangentes. Como resultado dessa ampliação, a consciência que enfocava um círculo diminuto, individual, isolado, eleva-se a esferas abstratas; torna-se instrumento de serviço, expressando nuanças de conjunturas universais.

Essa potência é, pois, para ser usada na expansão rumo ao que é cósmico, impessoal. Sem o seu fluxo contínuo, desobstruindo os resquícios do ego que impedem a livre expressão da verdade e da lei superior, *o ponto* dissocia-se da rede e, assim desconectado, pode provocar destruições.

A energia de poder emanada de Leão permite o despertar de potenciais latentes no ser humano. À medida que é usada para o alinhamento com metas grupais, planetárias e cósmicas, o desenvolvimento interior é dinamizado. A abertura desinteressada para servir é o que dá condições de o ser tornar-se a expressão do que há de transcendente no Reino Humano.

Constelação de Virgem

Ao percorrermos *os palácios do zodíaco*, vemos que um intenso trabalho é permanentemente realizado nos níveis internos por várias constelações, a fim de que a vida material terrestre se reconheça parte do que pulsa em seu âmago. Esse trabalho ganha destaque na constelação de Virgem.

Nela está ancorado um aspecto de realidades imanifestas e incognoscíveis, uma nuança peculiar da energia indivisa. Sob sua custódia encontra-se uma vibração que se expressa na fecundidade da matéria, tornando-a capaz de dar forma a uma meta superior. Devotada a um propósito imaterial, quando a vida exprime essa fecundidade permanece virgem, ou seja, pura e isenta de envolvimento com forças retrógadas.

A energia dessa constelação pode ser compreendida como um substrato receptivo cuja realização é moldar-se para materializar as realidades que habitam esferas imateriais. No ser humano, sua influência facilita a superação do antagonismo entre polaridades, entre as forças de expansão (masculinas) e as de abstração (femininas). Essas polaridades devem atuar unificadamente, e para isso a consciência precisa perceber o infinito como unidade, onde o Norte não existe sem o Sul e tampouco o positivo sem o negativo. A dualidade é intrínseca à vida externa, é sua base de existência, mas, enquanto enfocar essa condição dicotômica, o ser não consegue penetrar a vida indivisa, absoluta.

O aparente prevalecimento do estado dual sobre o da unidade subsiste enquanto se afirma apenas um dos polos da energia única. A chave para transcender esse estágio é perceber o movimento da vida como um todo, como interação do positivo e negativo, pois acima deles está a síntese e a neutralidade, assim como acima do passado e do futuro está a permanência inabalável.

A energia de Virgem auxilia a percepção desse nível mais elevado e, potencializada por Vênus, fez com que outrora desabrochasse na Terra a sabedoria dos Mistérios de Elêusis. Ainda que esses mistérios tenham sido depois vulgarizados como culto à deusa Ceres, que assegurava a produção agrícola, os homens, que ao buscarem compreendê-los iam além dos objetivos materiais, contatavam amplos mananciais que lhes revelavam a importância implícita nos fatos externos.

Constelação da Balança (ou Libra)

A energia da constelação da Balança exprime justiça. Além disso, possui a faculdade de ressaltar aspectos afins de realidades díspares – atributo de estados que não trazem em si tendência à agressividade e à violência.

Quando na vida externa é estabelecida a sintonia com mundos espirituais, a paz torna-se realização tangível, e os fatos passam a ser avaliados impessoalmente. Sem os véus impostos pela visão unilateral, a consciência pode perceber, isenta de conflitos e divergências, as diversas facetas que compõem uma mesma expressão da energia.

A balança é símbolo da retidão de caráter alcançada quando o eixo da consciência se mantém verticalizado e em firme alinhamento com planos superiores de existência. Se diante de uma circunstância vivencial o ser tem alguma preferência, ele não é capaz de acolher plenamente a condução interior; por isso a energia da constelação da Balança indica que, para atuar em conformidade com a justiça cósmica, é preciso desconsiderar os apetites humanos e permanecer imparcial diante das argumentações mentais.

Se o centro da haste horizontal está bem posicionado na vertical, mantendo os braços em equilíbrio, a balança em geral recebe o empuxo; mas se uma das extremidades prevalece sobre a outra, a ação das forças sobre os braços é desigual. Nessa observação estão chaves importantes para se transcender a regência da lei do carma material[1]: o alinhamento com a vida interna e a não unilateralidade. Distanciando-se dessa base, o ser passa a atrair sobre si os efeitos de suas ações, pois decai da posição neutra, na qual outras leis, superiores, conduzem a evolução.

Constelação de Escorpião

Ao contemplarmos as luzes de Escorpião fomos permeados por um estado do qual emana a qualidade da supremacia, da sobrepujança à degradação material. Era como se interiormente ouvíssemos as palavras: "Eu subsisto ao tempo". Esse contato deixou-nos a indagação de como se poderia tornar a matéria incólume à senilidade, que naturalmente advém com o correr dos anos. E a mesma voz silenciosa fez-nos ver que, quando as forças construtoras e destruidoras que se movem no interior da matéria estão incondicionalmente entregues a propósitos superiores, ela ganha uma nova vibração, um pulsar que a eleva além dos planos onde a decrepitude limita a expressão da vida. Essa era a lição que aquelas luzes nos transmitiam.

A maior parte da humanidade foi educada no sentido de procurar, de todas as maneiras, fazer prevalecer suas ideias, gostos e preferências. Para ela, ter a própria opinião acolhi-

[1] **Lei do carma material** (ou Lei de causa e efeito): determina que as ações do homem, nos planos concretos e nos sutis, desencadeiam reações de modo a equilibrá-las.

da por outros é uma vitória. Fazem-se eleições, aceram-se disputas, instiga-se o aferramento a pontos de vista humanos e muito pouco se ouve falar do valor oculto que há na renúncia ao que se pode denominar "partidarismo". Todavia, uma civilização que se erige sobre bases partidárias está destinada à destruição, pois não inclui a possibilidade de ligação com o todo.

É extremamente difícil – para não dizer impossível – que um indivíduo que nutra simpatia por certas tendências em detrimento de outras permaneça fiel ao curso da evolução. Esse procedimento, arraigado no sistema educacional da presente humanidade, é um mal que deve ser dissolvido. É preciso uma energia poderosa como a de Escorpião para extingui-lo.

Por meio da vaidade, da ambição e do orgulho, certas forças obscuras pactuam com os homens e usam o dinheiro, o sexo e a estratificação social para expandir sua dominação sobre a vida terrestre. Muitas vezes as chamamos de forças materiais por existirem nos níveis mais densos da vida cósmica; porém, elas não são atributo da matéria em si. Assim como certas substâncias ao se combinarem sob determinadas condições produzem efeitos almejados e sob outras provocam explosões danosas, a matéria reage de maneira diversa quando exposta a diferentes conjunturas de forças e energias.

Quando o ser humano percebe em si a presença de forças degeneradoras – como as citadas anteriormente –, o que a energia de Escorpião indica como meio para impedir que elas causem danos mais profundos está nas palavras do Instrutor de Hércules[2] quando este foi incumbido de libertar Lerna da

---

[2] Vide Hora de Crescer Interiormente– *O Mito de Hércules Hoje*, do mesmo autor, publicado pela Irdin Editora e pelo Círculo do Livro.

hidra que a devastava: "Quem se ajoelha, eleva-se. Conquista-se por meio da total rendição de si. É renunciando que se ganha".

Singular é o que emana da constelação de Escorpião: uma energia potente que se firma na entrega incondicional.

Constelação de Sagitário

Sagitário simboliza o ser desperto, o arqueiro que aponta sua flecha para as estrelas, o ser que se deixa conduzir pela fé e pela aspiração a atingir a meta suprema; dessa constelação chega-nos uma capacidade incomum de cura. É como se nesse ponto do cosmos a energia de transformação se tivesse ancorado de maneira especial. Sagitário é o *palácio* do zodíaco onde estão instalados grandes recursos de cura material e interior; duas chaves abrem suas portas: o perdão e a sabedoria. A partir delas, a unidade pode ser vislumbrada de modo mais profundo.

Toda transformação verdadeira, toda cura autêntica decorre de a divindade interna ter conseguido permear em maior grau os níveis em desequilíbrio. Como a cura é fruto da superação de um descompasso entre os núcleos em conflito e a pulsação espiritual, uma vez *afinado o instrumento*, desaparecem as desarmonias.

Outro aspecto importante de Sagitário é o de ser uma das constelações que tem maior afinidade com a busca do conhecimento. O desenvolvimento científico, tanto o intelectual quanto o transcendente, recebe estímulos desse vórtice cósmico. Mas enquanto o ser humano vagueia conduzido pelo que pode perceber com a mente racional, seus rumos são sempre incertos. É preciso estabelecer contato com níveis mais profundos para dirigir-se ao que é mais correto evolutivamente. A polarização da consciência da humanidade nesses níveis poderia mudar por completo a presente e reconhecidamente grave situação da Terra.

Constelação de Capricórnio

Para a consciência receptiva ao mundo suprafísico, a energia de Capricórnio é como uma torrente de abundância, que arrasta para o *grande oceano* tudo o que é por ela tocado. É um vórtice cósmico especialmente ligado às cerimônias iniciáticas que se realizam nos planos internos da Terra. Segundo Helena P. Blavatsky[3], é considerada, "em razão de seu significado oculto, como a mais importante dentre as constelações do misterioso zodíaco". H. P. B. diz ainda que as 28 estrelas principais dessa constelação simbolizam os 28 passos de Buda rumo à liberdade e ao aperfeiçoamento espiritual[4].

A energia de Capricórnio transmite impessoalidade em tal proporção que se revela como um núcleo coligado a processos grupais e, se há abertura por parte de quem a contata, verte sobre a consciência um estímulo ao ingresso em esferas espirituais de existência — passo que deve ser dado não como uma realização individual do ser, mas como um meio de ampliar seu serviço à evolução.

Diferente de outras áreas do zodíaco, ao penetrarmos a aura da constelação de Capricórnio, não percebemos sinais de fogos de atrito agindo como elementos de purificação e

---

[3] Vide GLOSSÁRIO TEOSÓFICO, de Helena P. Blavatsky, Editora Ground.

[4] O número 28 pode ser obtido de 4 x 7, ou seja, de uma interação entre a matéria em harmonia (o 4) e o universo físico cósmico (o 7). Vide OS NÚMEROS E A VIDA – *Uma nova compreensão da simbologia oculta nos números*, de Trigueirinho, Irdin Editora.

ascensão da vida. É como se esse núcleo atuasse em um plano superior, onde esses fogos já não são necessários à trajetória evolutiva. É como se o serviço e a existência pautada na lei e na paz, pela sua irradiação límpida, impedissem de surgirem, no seu âmbito, movimentos de desarmonia, assim como os conhecemos na Terra. Essa constelação é um elo com energias que, se contatadas pela atual humanidade, auxiliariam na criação de uma nova base para a evolução.

Constelação de Aquário

A energia de Aquário é unificadora. Integra e permeia o que quer que exista em sua esfera de ação; inter-relaciona as diversas expressões da matéria e permite ao homem descobrir que tudo é vida – desde uma partícula subatômica até universos siderais infinitos –, vida presente em toda parte, pulsante, dinamizadora, em atividade ou em passividade, sem jamais perder sua unidade absoluta.

Alinhada com a energia dessa constelação, a consciência recebe esse alento e pode canalizá-lo para onde for mais necessário. Percebe então que cada situação ou fato expresso no mundo manifestado é apenas o elo de uma grande corrente, não se sustém desligado do universo que o circunda. A vida perfeita é, pois, uma contínua sucessão de energias, formas e vibrações criadas a partir da expansão ou do recolhimento do impulso criador do cosmos.

Sob a influência de Aquário, o homem reconhece que são leis maleáveis as que conduzem toda a existência sideral, as que determinam a realização ou não de um acontecimento, mesmo que aparentemente predestinado. Como dizem os físicos quânticos, pouca certeza pode-se ter sobre a realização de um fato, mas apenas as probabilidades de ele ocorrer em determinadas circunstâncias são passíveis de ser conhecidas.

Aquário leva a consciência a estar diante de infinitas possibilidades e, no estágio atual do ser humano, toca-o internamente de modo profundo, capacitando-o a, perante as mais inusitadas situações, agir em benefício do mundo, bem como a superar o livre-arbítrio.

Há muito vem sendo anunciado o início da era de Aquário[5], era que sucede a de Peixes devido à precessão dos equinócios[6]. Aguardada com esperanças, nessa nova era foram depositadas muitas aspirações a uma vida pacífica e evoluída na superfície da Terra.

Constelação de Peixes

Peixes traz uma vibração adequada tanto para o fechamento de ciclos quanto para o preparo dos que têm início, no que diz respeito à evolução espiritual e monádica. Combina síntese e estruturação, resumindo os passos dados na fase que

---

[5] As eras astrológicas têm duração de aproximadamente 2.150 anos terrestres.

[6] **Equinócio**: interseção do círculo da eclíptica com o equador celeste. No ponto em que essa interseção ocorre, registra-se igual duração do dia e da noite (dá-se em 21 de março e 23 de setembro).

Precessão dos equinócios: devido à ação do Sol e da Lua sobre a Terra, o ponto equinocial muda de posição no decorrer do tempo, perfazendo uma volta completa ao longo do equador celeste em aproximadamente 26 mil anos. Assim, a cada 2.167 anos, os pontos equinociais localizam-se numa diferente constelação do zodíaco. Daí surgiram as eras astrológicas.

No entanto, no cosmos não há fronteiras claramente delimitadas; por isso muitas vezes torna-se difícil dizer exatamente quando uma era astrológica começa. A divisão do círculo zodiacal em 12 áreas iguais (cada qual correspondendo a uma constelação) é puramente convencional e, assim sendo, passível de mobilidade, pois não se mostra real em certos casos.

se encerra e impulsionando a construção das bases sobre as quais se erigirá a seguinte.

Um marco de importância fundamental na evolução humana é a consciência deixar o estado de separatividade, regido pelas forças do ego, e ser absorvida em níveis integrados à totalidade, o que é auxiliado por Peixes.

De Peixes provém certa vibração ígnea, uma energia que consome a matéria ao liberar a luz nela aprisionada. É um impulso que visa elevar cada ser à posição que lhe permita o ingresso em fases evolutivas mais avançadas. Os que assim são elevados deixam para trás a própria vida: assumem o serviço planetário como meta e razão da existência. Tornam-se autênticos guias da humanidade, mensageiros da libertação que todo ser humano deve alcançar.

* * *

A cronologia dos fatos perde sua rigidez quando a vida é reconhecida como a interação da consciência com vários planos e energias. Por isso, em um lapso de tempo bem mais curto do que o demandado a Apolo para percorrer os palácios do zodíaco, penetra-se em cada um deles e colhem-se algumas de suas qualidades e características. Estando com os fios nas mãos, é preciso iniciar a tecelagem e perceber as diversas maneiras de eles se inter-relacionarem.

A Não Casualidade

Ao dispormo-nos a perceber os fatores por meio dos quais as constelações do zodíaco introduzem suas vibrações mais diretamente nas diversas conjunturas em que atuam, chegou-nos uma impressão que silenciosamente nos transmitia: "A geometria do cosmos não é casual".

A energia trazida por essa impressão foi penetrando cada célula dos nossos corpos. Permeados por sua crescente vibração, tínhamos a consciência de estar inseridos em um universo criado de modo preciso e exato. Assim, aos poucos, outras impressões foram-se somando a essa, permitindo-nos reconhecer nuanças importantes dessa realidade.

Havíamos visto que o Sol e a Lua demarcam pontos básicos nas influências astrológicas atuais, e que a faixa zodiacal é uma fronteira a ser transposta pelos impulsos-vida que ingressam neste planeta. Porém, algo mais interno, nesse conjunto, estava para ser descoberto.

Caminhávamos em consciência ao longo dessa faixa, íamos percebendo as variações da energia em cada trecho, até que, em determinado momento, vimos um potente manancial de energia fluindo para a Terra, cobrindo uma área em cujas extremidades estavam o Sol e a Lua. Ressaltavam-se, de modo especial, as constelações localizadas entre esses dois astros. Ali estava a chave! Ao mesmo tempo, aquela voz silenciosa transmitia-nos alguns sinais que eram decodificados pela consciência como: "sistemas simétricos e assimétricos".

No número de constelações zodiacais existentes entre o Sol e a Lua (incluídas aquelas nas quais eles se encontram) estão as características dessa área, canal por onde passa, rumo à Terra, a torrente energética que provém das fraternidades cósmicas. Assim, o fato de existirem 1, 2, 3, 4, 5 ou 6 constelações nesse âmbito revela aspectos peculiares.

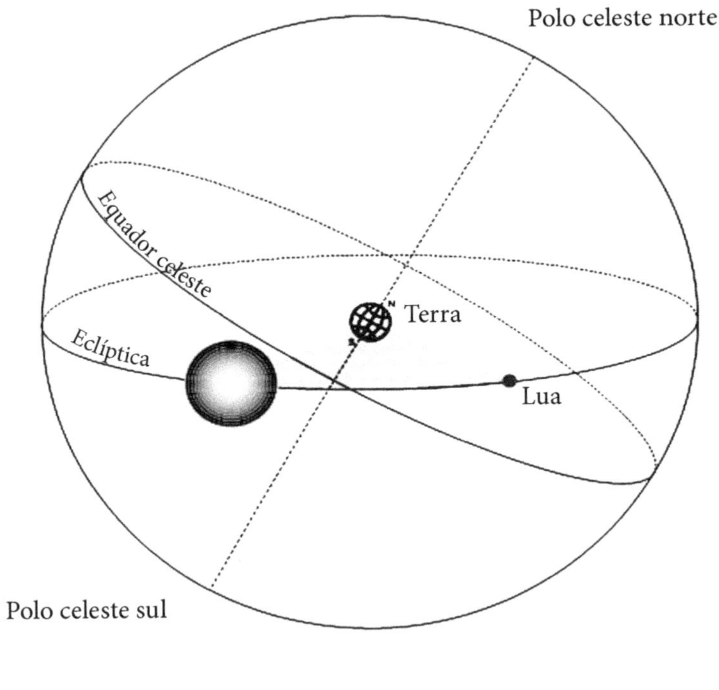

(1)

[1] Desenho sem escala.
Obs.: A Lua tem uma inclinação orbital de 18° 29'; portanto, neste desenho estamos fazendo uma aproximação ao mostrá-la no plano da eclíptica.

A partir dessa percepção, sem nenhum esforço intelectual, começamos a compreender os modos pelos quais as constelações podem ser agrupadas. Vários arranjos são possíveis, mas sete tipos faziam-se proeminentes em nossa consciência. Quatro deles puderam ser chamados de *sistemas simétricos*, e três, de *sistemas assimétricos*.

- Nos sistemas simétricos, os grupos contêm igual número de constelações.

Sistemas simétricos	Nº de grupos	Nº de constelações em cada grupo
Binário	2	6
Ternário	3	4
Quaternário	4	3
Sêxtuplo	6	2

- Nos sistemas assimétricos, as constelações não são distribuídas de modo equitativo nos grupos.

Sistemas assimétricos	Nº de grupos	Nº de constelações em cada grupo
Unitário	1	12
Quíntuplo	3	3, 3 e 6
Sêxtuplo	1	12

N.da E.: Como pode ser notado, o sistema sêxtuplo encontra-se nos sistemas simétricos e assimétricos . Vide página 79.

* * *

Conjunturas de diferentes amplitudes podem ser formadas, dependendo do número de constelações zodiacais que existam entre o Sol e a Lua. Os sistemas assim constituídos revelam aspectos do propósito de determinado ciclo de manifestação de um impulso-vida. Fazendo uma simplificação, consideraremos o círculo zodiacal dividido em doze partes iguais, que são as regiões das doze constelações. Poderemos, assim, melhor perceber as áreas que cada sistema requer para canalizar à Terra o impulso-vida.

- Num sistema unitário, o Sol e a Lua estão numa mesma região, e o canal delimitado por eles é como um tubo retilíneo, pelo qual o impulso-vida flui de modo concentrado, imbuído de uma qualidade principal, como mostra a figura abaixo. Por sua própria

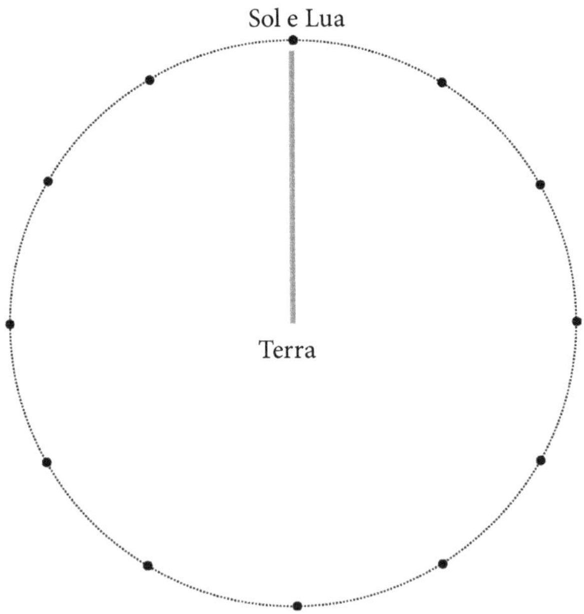

natureza, esse sistema indica que o ciclo tem como meta a síntese e o alinhamento com qualidades específicas (no caso as da constelação onde o Sol e a Lua se encontram).

- Num sistema binário, o canal por onde o impulso-vida fluirá até a Terra conta com dois polos que podem ter características que se complementem, somem ou oponham. Esse tipo de sistema tem por base a polaridade e, quando um impulso-vida se manifesta numa conjuntura desse tipo, tem sempre como meta o aperfeiçoamento da sua interação com os aspectos duais da energia. Isso pode significar desde a descoberta da dualidade e o envolvimento com ela, até sua transcendência e o uso das forças polares para construir obras evolutivas.

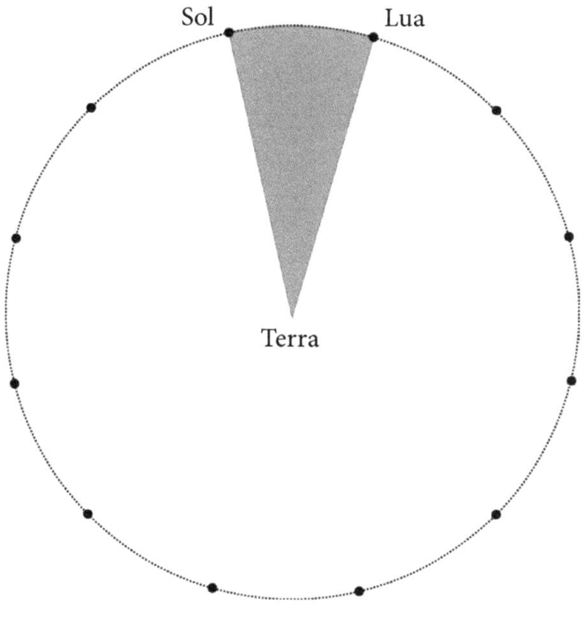

- Num sistema ternário, o canal de ingresso do impulso-vida conta com três constelações, e sabemos que a base trina custodia o segredo da unidade, pois na trindade mística o Três exprime o Um e o Um manifesta-se por intermédio do Três. Dessa chave oculta, ainda pouco compreendida, pode-se dizer que, ao ser emitida dos níveis imanifestados, uma vibração se desdobra em três vórtices tão logo entra em contato com o universo físico cósmico. Um desses vórtices é o poder de realização e de consumação[2]; outro, a capacidade de coesão e de atração[3]; e o terceiro, o movimento e a atividade que molda a matéria segundo as metas almejadas[4].

---

[2] Relacionado ao Primeiro Raio, a energia de Vontade-Poder.

[3] Relacionado ao Segundo Raio, a energia de Amor-Sabedoria.

[4] Relacionado ao Terceiro Raio, a energia de Atividade e Inteligência Criativas.

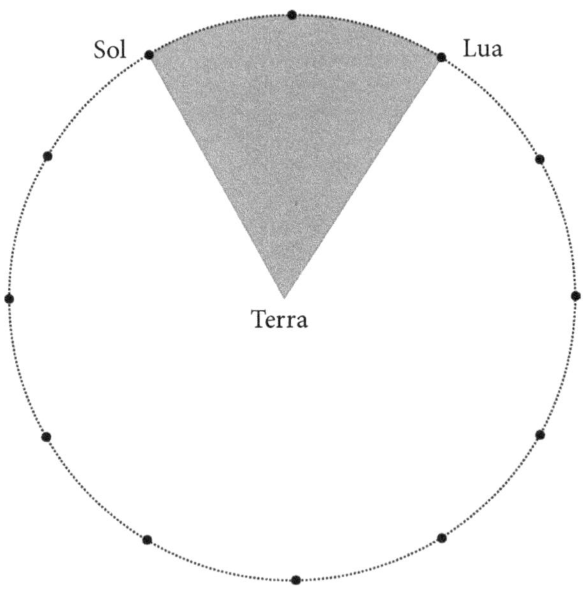

Juntos são a neutralidade: forças e energias que agem em igualdade e equilíbrio. Essas características estão implícitas num sistema ternário.

- Num sistema quaternário, o canal delimitado pelo Sol e pela Lua corresponde a um quarto do círculo, o que ressalta ainda mais a presença do número quatro, que tem como qualidade oculta conduzir a matéria à perfeição. Esses sistemas propiciam harmonia na forma, além de ter como nota básica o trabalho de interligação de vários níveis de vida. O quatro relaciona-se ao quadrado que, como símbolo geométrico, exprime completo equilíbrio entre forças que se expandem no sentido horizontal e no vertical.

Um ciclo caracterizado por esse sistema é uma oportunidade de neutralizar pendências cármicas e de

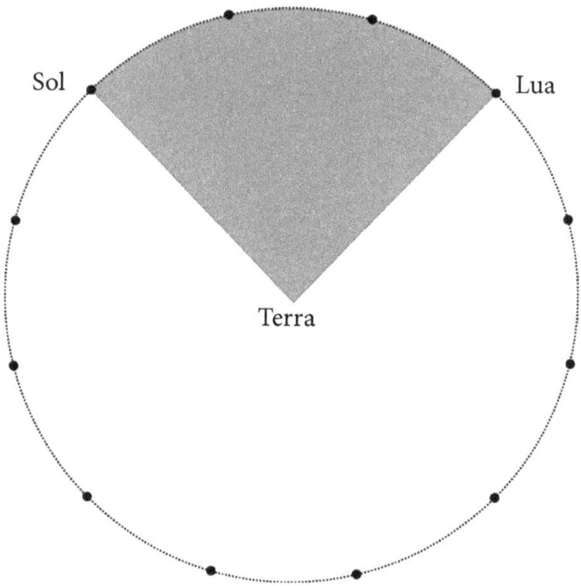

transcender vínculos materiais por meio do alinhamento com planos superiores de existência.

- Nos sistemas quíntuplos, cinco constelações zodiacais formam o canal para ingresso do impulso-vida na Terra. O cinco é o número do Reino Espiritual[5] e esse dado traduz a vibração interna dos sistemas quíntuplos que, pela elevação da energia, podem conduzir o ser humano ao contato com reinos superiores e ao ingresso neles. Dentre os planos que compõem o universo físico do cosmos[6], o quinto é o mental, e sobre ele as constelações que integram os sistemas quíntuplos agem de maneira profunda.

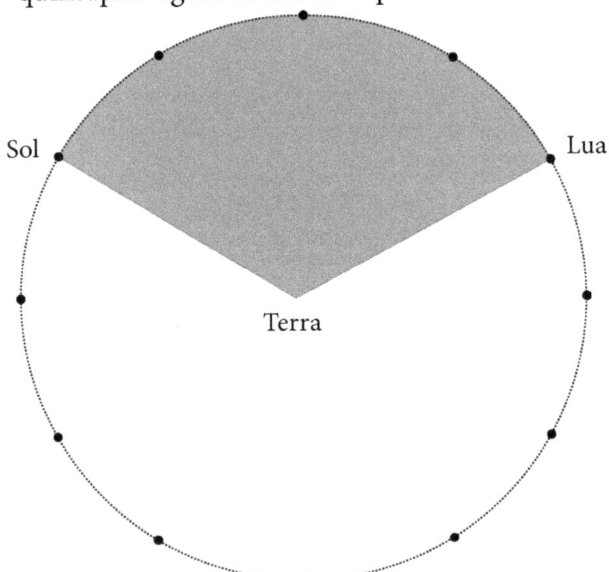

[5] Os demais Reinos da Natureza são: 1º, o Mineral; 2º, o Vegetal; 3º, o Animal; 4º, o Humano.

[6] Esses planos de consciência são: 1º, o divino; 2º, o monádico; 3º, o espiritual; 4º, o intuitivo; 5º, o mental; 6º, o emocional; e 7º, o etérico-físico. Estão passando, nesta época, por transformações em sua estrutura energética. Vide O Nascimento da Humanidade Futura, do mesmo autor, Irdin Editora.

- Nos sistemas sêxtuplos, o canal de ingresso do impulso-vida abarca a metade das constelações existentes no círculo zodiacal. O seis tem imbuída em si a energia de idealismo[7]. O impulso-vida, ao manifestar-se sob a conjuntura de um sistema sêxtuplo, expande-se como se quisesse abraçar todo o campo de ação, incluí-lo na tarefa à qual está destinado. Por isso, em sistemas sêxtuplos, o serviço e a busca de consumação da meta têm fundamental importância. Neles há a determinação de não deixar que obstáculo algum impeça a realização da obra.

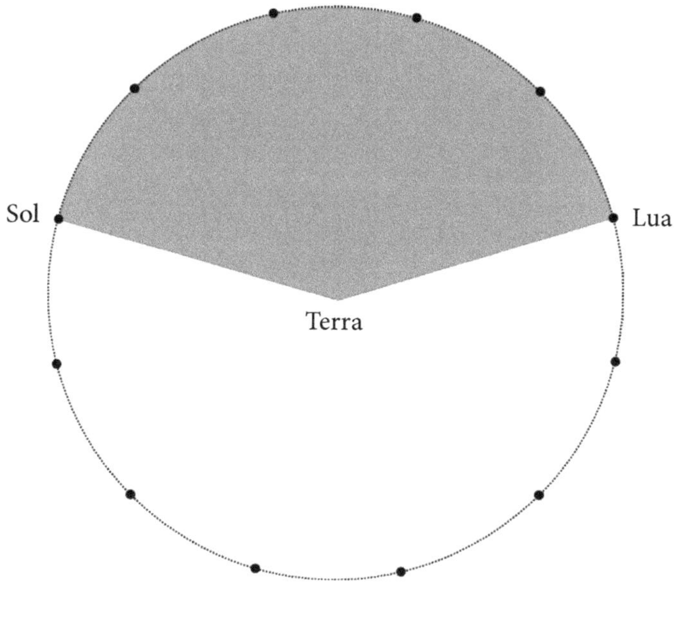

[7] O Sexto Raio exprime Idealismo. É a energia daqueles que têm espírito pioneiro, dos que não se deixam paralisar pelas resistências e avançam destemidamente em direção à meta.

Ao mesmo tempo que nos era transmitido o valor desses diferentes sistemas, era-nos mostrado que em cada um deles as constelações se inter-relacionam de um modo específico e todas participam direta ou indiretamente das conjunturas formadas. Esse inter-relacionamento é o que veremos no capítulo seguinte.

A simetria no cosmos

As doze constelações zodiacais agrupam-se de diversos modos, constituindo assim os diferentes sistemas. O número de grupos formados e o número de constelações em cada grupo são fatores importantes que, juntos, fornecem a base para se perceberem certas estruturas geométricas no cosmos.

Estão apresentadas a seguir algumas observações sobre os grupos que compõem cada sistema. Posteriormente, veremos exemplos que esclarecem o uso deles num estudo astrológico.

I. Sistemas Simétricos

Binário

Neste sistema há dois grupos básicos, cada um com seis constelações.

Em cada grupo, uma constelação é um dos polos do sistema binário e para ela convergem as influências das demais do mesmo grupo. A nota desse sistema, como vimos, é o relacionamento com as polaridades, o que está evidenciado pelo fato de serem duas as constelações que delimitam o canal de energias.

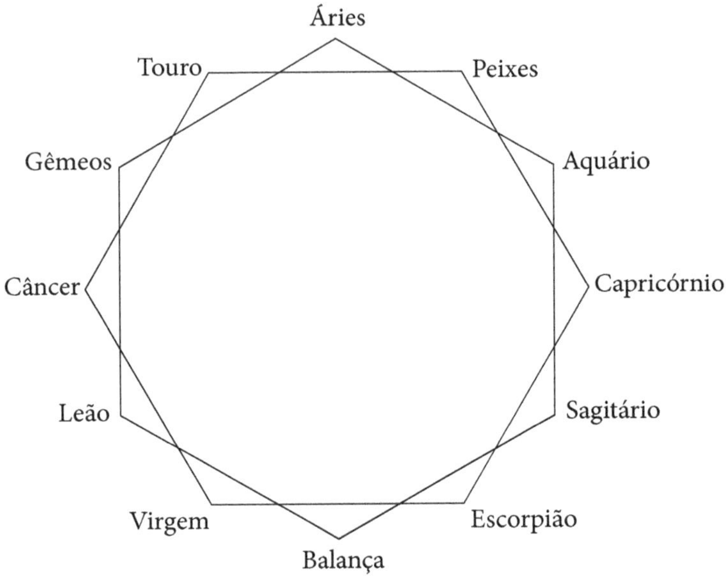

O equilíbrio da tendência à interação dual é trazido pela estrutura energética dos grupos desse sistema, que contêm seis elementos: o seis é um dos números da androginia, da neutralidade. Isoladamente os grupos exprimem essa qualidade e, juntos, podem potencializá-la, já que os polos são levados a se harmonizarem.

O grupo mostrado na figura seguinte representa o polo positivo, masculino, dos sistemas binários. Exprime poder criador, poder de expansão e de exteriorização da energia.

O polo negativo, feminino, desses sistemas binários é representado por este outro grupo, apresentado abaixo da figura anterior . Sua energia leva ao recolhimento, à receptividade e à abertura para a captação da meta evolutiva, além de prover condições que lhe permitam materializar-se.

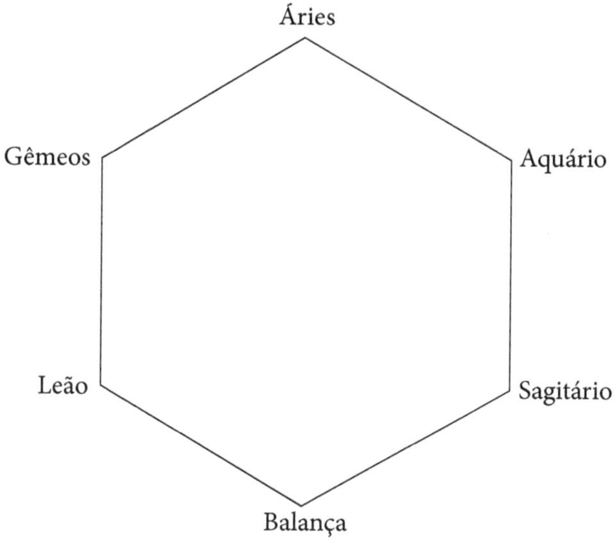

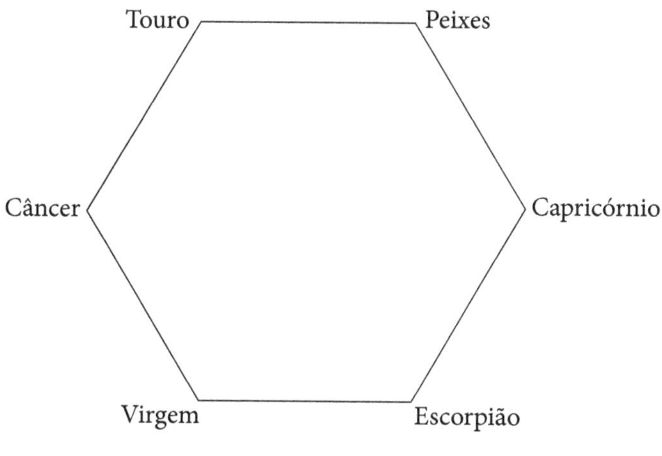

Dependendo das constelações em que se encontrem o Sol e a Lua, a conjuntura energética exprimirá diferentes qualidades.

Ternário

Três grupos, de quatro constelações cada um, compõem o sistema ternário:

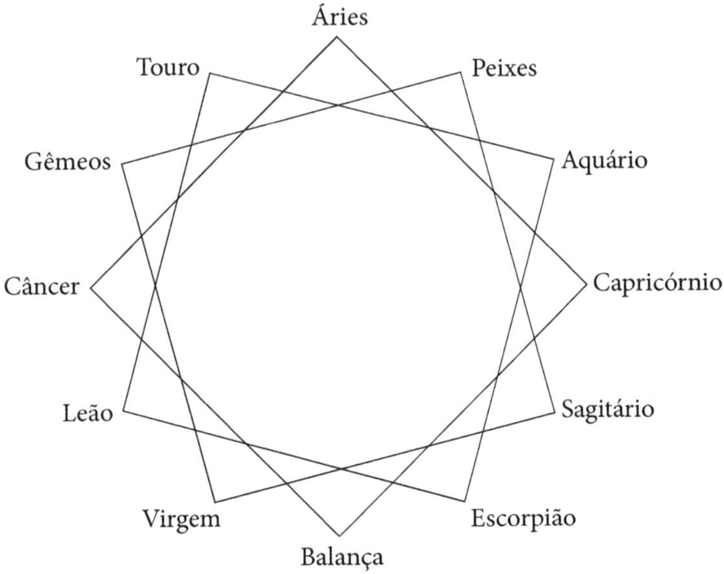

Cada um dos grupos desse sistema tem ligação com um dos Raios de Aspecto:

- Primeiro Raio: Vontade-Poder;
- Segundo Raio: Amor-Sabedoria;
- Terceiro Raio: Atividade Inteligente.

e também com um dos fogos que alentam a vida do plano físico do cosmos:

- fogo cósmico: atua por meio da irradiação (relaciona-se ao Primeiro Raio);

- fogo elétrico[1]: atua por meio das forças polares e de impulsos de atração e repulsão (relaciona-se ao Segundo Raio);
- fogo fricativo: atua por meio do movimento e do atrito (relaciona-se ao Terceiro Raio).

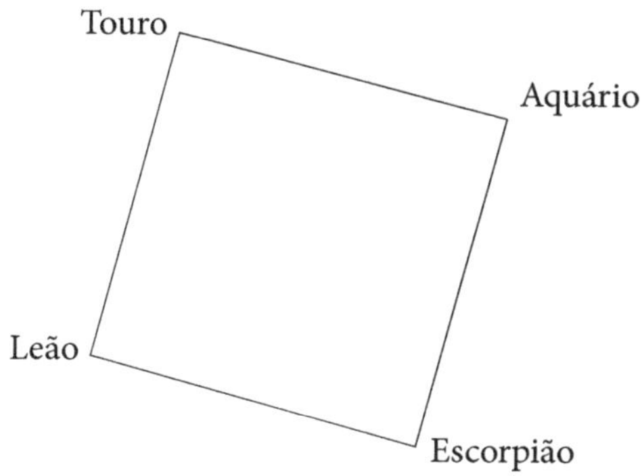

O grupo acima manifesta sintonia com o Primeiro Raio e, nesse sistema, é o vórtice processador e irradiador do fogo cósmico.

Estando o Sol em uma dessas constelações, o impulso-vida é especialmente permeado de uma energia libertadora, capaz de elevar a forma, fazendo-a imergir num universo de vibrações mais sutis. Nesse grupo, há chaves que abrem os portais dos mundos ardentes.

A vibração do Segundo Raio e o relacionamento com o fogo elétrico são expressos pelo grupo seguinte.

[1] Também denominado fogo solar.

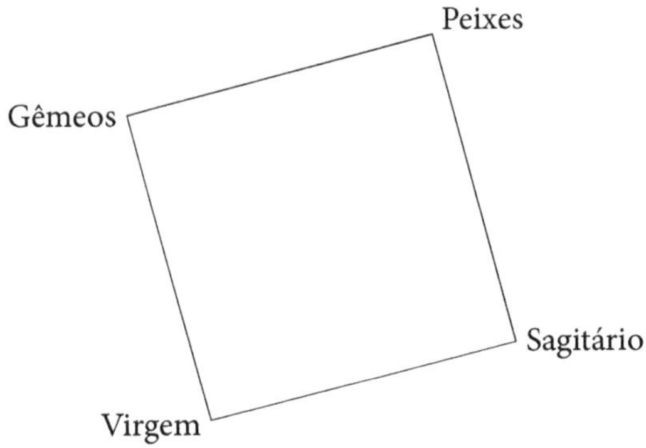

A lei de atração magnética é o fundamento do trabalho que realiza. Em seu âmago está a coligação com o ímã cósmico, com a fonte que nutre a vida. Traz também oculta a seta que indica o caminho do encontro, assinalado por Instrutores e Guias da humanidade.

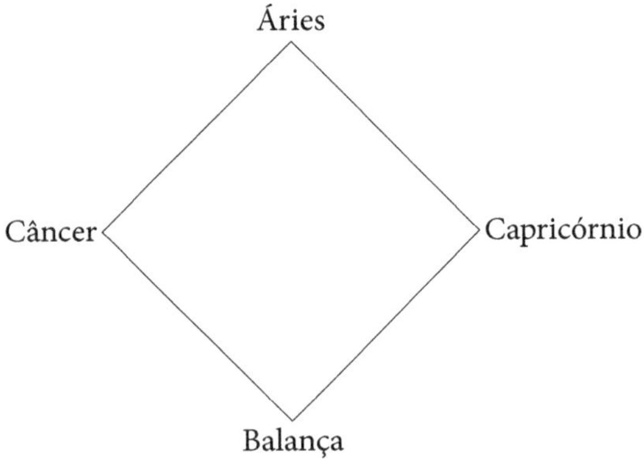

Pelo terceiro grupo, mostrado logo acima nesta página, são reveladas as diretrizes do Plano Evolutivo no mundo da forma. Relacionado ao Terceiro Raio, dele se desdobram os

Raios de Atributo e, portanto, as energias que conferem à matéria qualidades sutis e transcendentes.

Embora seu instrumento de trabalho seja o fogo fricativo, que por natureza implica desgaste de energia, nesse grupo está implícita a capacidade de unificar os níveis concretos da existência. Tal capacidade é velada pela presença do Terceiro Raio, que é o guardião dos Raios que facultam à matéria a realização interior.

Quaternário

Cada um dos quatro grupos de um sistema quaternário possui três constelações.

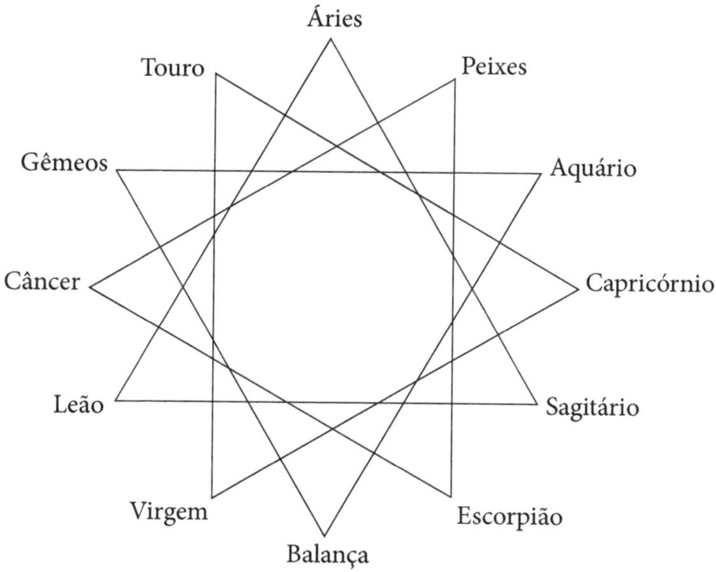

Essa estrutura geométrica, de quatro grupos compostos de conjunturas ternárias, tem especial ligação com o Reino

Humano, que é o quarto Reino da Natureza e cuja manifestação na vida física do cosmos é a expressão da consciência em três esferas principais: cósmica, solar e planetária.

Ao sistema quaternário está vinculado o trabalho de elevação da matéria por meio do equilíbrio das forças que a constituem e da interligação dos planos materiais com os planos sutis e ardentes. O movimento, característica do Terceiro Raio, infunde-se na energia desse sistema por serem os grupos formados de três constelações.

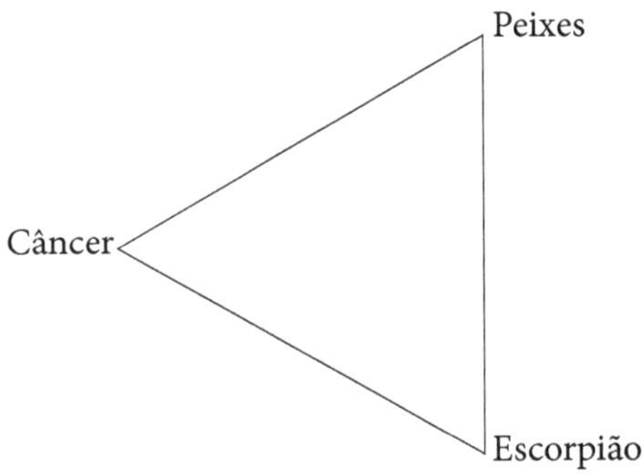

No grupo acima, acentua-se o caráter estabilizador da energia, que traz à tona a necessidade de a cada etapa viverem-se períodos de síntese do desenvolvimento já alcançado para que novos avanços ocorram. Em certos casos, quando essas sínteses se dão em níveis profundos da consciência, tais períodos apresentam-se como fases de aparente estagnação.

A influência de cada uma dessas três constelações na síntese de passos evolutivos já consumados depende do nível em que o processo se esteja dando:

Câncer: síntese da evolução nos planos da personalidade;

Escorpião: síntese da evolução no plano mental abstrato e no intuitivo;

Peixes: síntese da evolução no plano espiritual e no monádico; no plano divino e em planos superiores, a síntese é um estado natural.

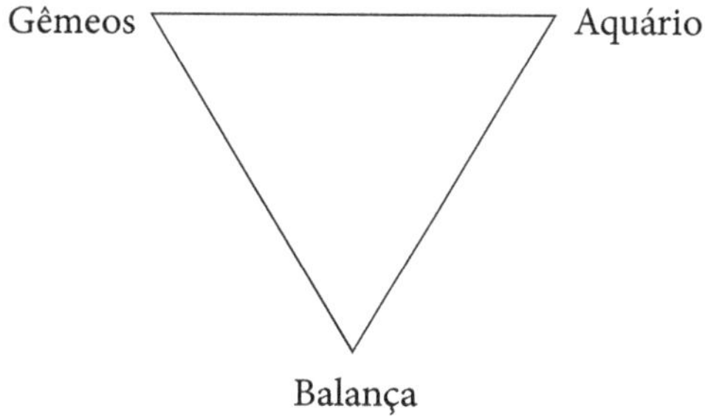

A expansão em nível horizontal, pela abertura ao inter-relacionamento com seres e energias dos universos já conhecidos, é uma das tendências emanadas pelo grupo acima.

De modo análogo ao do grupo anterior, podemos dizer que:

Gêmeos: estimula a unificação do ser com as energias do mundo material;

Balança: estimula a unificação do ser com as energias do mundo intuitivo;

Aquário: estimula a unificação do ser com as energias do mundo espiritual.

O grupo da página seguinte irradia dinamismo e transmite um potente impulso ao movimento. As energias dessas constelações atuam em diferentes níveis:

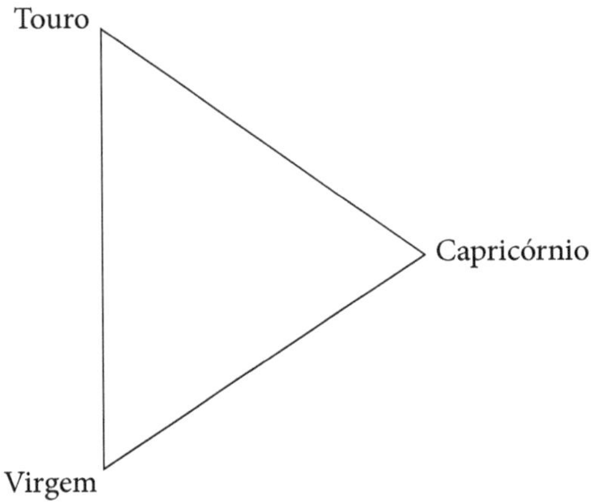

Touro: imprime ritmo pulsante e dinâmico aos fatos da vida concreta;

Virgem: imprime ritmo pulsante e dinâmico aos fatos da vida anímica;

Capricórnio: imprime ritmo pulsante e dinâmico aos fatos da vida espiritual.

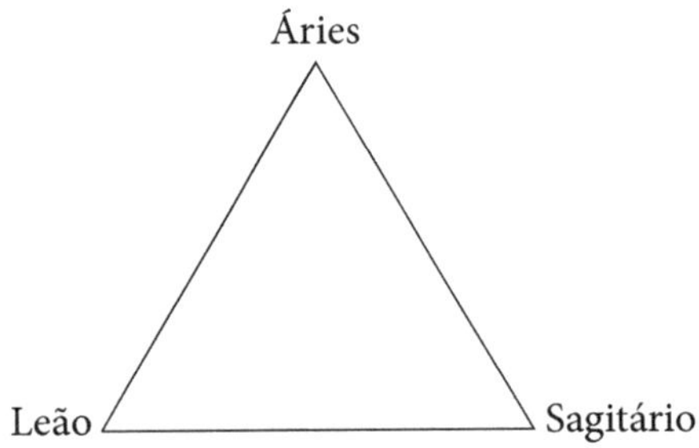

A elevação a novos patamares é a influência característica exercida pelo grupo acima. A energia dessas constelações age de modo mais intenso em certos níveis de consciência:

Áries: elevação do que está polarizado nos níveis materiais e psíquicos (atua sobre o ego);

Leão: elevação do que está polarizado no nível causal (atua sobre a alma e, em menor proporção, sobre o corpo de luz);

Sagitário: elevação do que está polarizado no nível espiritual (atua sobre o corpo de luz e sobre a mônada).

Sêxtuplo[2]

Em um sistema sêxtuplo, o canal de ingresso do impulso-vida no âmbito da Terra abrange metade das constelações zodiacais. É como se o círculo zodiacal se dividisse em dois grandes semicírculos, um deles atuando exteriorizadamente e o outro servindo como base interna para a manifestação da vida.

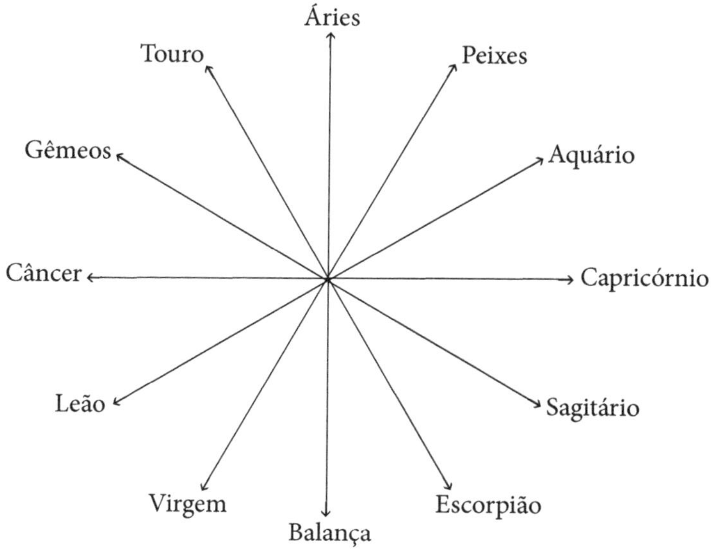

[2] Há também sistemas assimétricos sêxtuplos. Vide página 79.

As constelações de cada grupo se interligam, formando pares; assim, compõem seis grupos de duas constelações cada um. A existência do seis e do dois permite uma perfeita harmonia de vibrações e, a exemplo disso, podemos lembrar que Jesus, um ser de Sexto Raio, canalizou de maneira límpida o Segundo[3], o Raio Crístico. A afinidade vibratória entre o dois e o seis proporciona uma base para que o impulso-vida de um ciclo realize sua tarefa sem despender energia na dissolução de resistências ou antagonismos. Por isso, os grupos de duas constelações nesse sistema têm mais acentuadas as características de união e vínculo decorrentes do Amor-Sabedoria do que as de dualidade.

A energia do Segundo e a do Sexto Raio agem nesse sistema formando tensões aglutinadoras e expansoras. Sobre os grupos que o compõem podemos dizer que:

- Áries ↔ Balança: bases para a transformação e renovação da vida;
- Touro ↔ Escorpião: afloramento dos potenciais internos por meio da entrega e da transmutação de forças materiais;
- Gêmeos ↔ Sagitário: Amor-Sabedoria como cura e unificação da consciência;
- Câncer ↔ Capricórnio: o bem universal como meta;
- Leão ↔ Aquário: fusão do poder e da sabedoria para a integração da vida planetária;

[3] Vide O Mistério da Cruz na Atual Transição Planetária, do mesmo autor, Irdin Editora.

- Virgem ↔ Peixes: tensões energéticas rítmicas como meio de ascensão do individual ao pessoal.

* * *

II. SISTEMAS ASSIMÉTRICOS

Unitário

O sistema unitário propicia uma condição ímpar de o impulso-vida aprofundar-se na expressão de uma energia específica, embora a ela estejam somados aspectos de todas as demais.

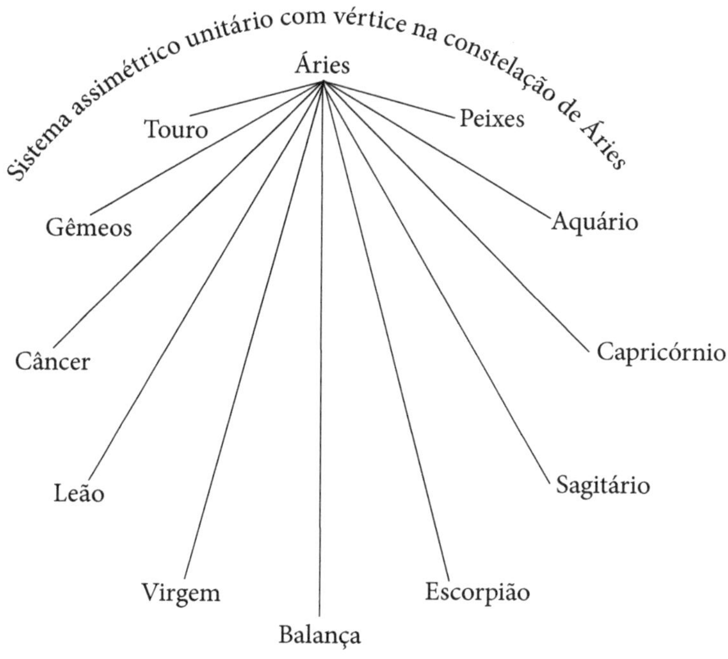

Nesse sistema[4], todo o círculo zodiacal torna-se um só grupo, tendo, porém, um vértice focalizador da energia determinado pela posição do Sol e da Lua. A centralização e a síntese são aqui, portanto, qualidades fundamentais, o que é evidenciado pelo desenho apresentado na página anterior[5].

Nos sistemas unitários, por estarem o Sol e a Lua numa mesma constelação, tanto a manifestação material quanto a espiritual de um impulso-vida são permeadas pela energia dessa constelação. Nesses casos, a posição dos planetas do sistema solar pode revelar pontos importantes para o estudo, indicando a possibilidade de prevalecerem aspectos superiores ou inferiores.

Quíntuplo

Há uma beleza misteriosa no sistema quíntuplo. Ao nos depararmos com a imagem correspondente a ele, de imediato emergiu do nosso interior uma significativa impressão de que guarda um infinito potencial para que se transcenda a dualidade.

Nesse sistema está presente o impulso à abertura para o contato com o Reino Espiritual, expresso pelo cinco, número desse reino, e nos seus grupos temos o equilíbrio (os triângulos) e a neutralidade (o hexágono). As constelações

[4] Nesse tipo de sistema poderíamos considerar também a existência de doze grupos, cada um formado por uma constelação. No entanto, quando foi percebido internamente, ressaltava-se o conjunto, tendo em seu vértice uma constelação específica a cada ciclo.

[5] A título de exemplo, é mostrado um sistema unitário no qual Sol e Lua estão na constelação de Áries. O vértice do sistema é sempre a constelação em que esses astros estão posicionados.

que o formam podem agrupar-se de duas maneiras, as quais exprimem qualidades distintas[6]:

Sistema quíntuplo no qual o Sol e a Lua estão posicionados no grupo representado pelo hexágono

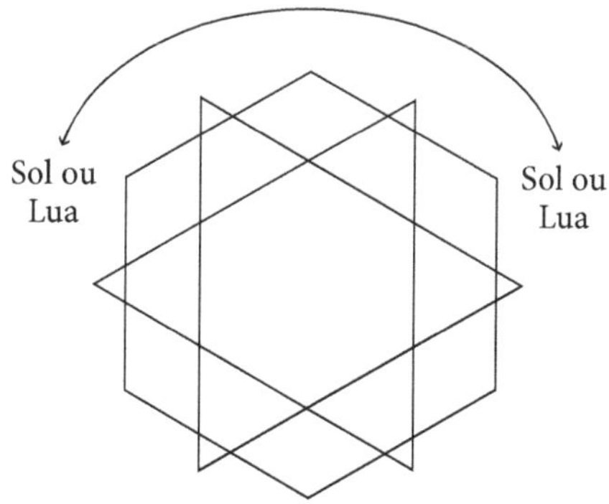

Sistema quíntuplo no qual o Sol e a Lua estão posicionados no grupo representado pelo triângulo descendente

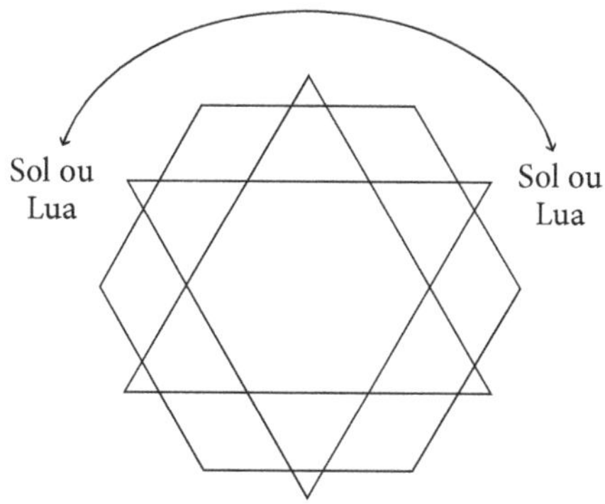

[6] Em todos os estudos sobre sistemas quíntuplos essas duas formas têm de ser consideradas. Há uma mutabilidade interna entre elas, e só após certas sínteses se efetuarem no ser humano é que prevalecerá a forma em que o Sol e a Lua irradiam a energia do grupo representado pelo hexágono.

As duas formas assumidas por esse sistema devem ser consideradas, para que o estudo se torne mais completo. Em ambas, o grupo representado pelo hexágono manifesta o impulso à neutralidade. Na forma em que o Sol e a Lua são posicionados no grupo de seis elementos (desenho superior, página 77), o impulso de equilíbrio transmitido por esse sistema fica mais evidenciado, já que as energias do Sol (positivas, masculinas) e as da Lua (negativas, femininas) fazem parte de um mesmo circuito energético. Nessa configuração, além desse grupo hexagonal, existem dois outros, cada um deles constituído de três constelações, sendo que os triângulos por elas formados apontam em direções opostas. Isso significa que tendências antagônicas estão presentes e atuantes e, conforme a receptividade e o nível de polarização de quem as recebe, poderá haver predominância de uma sobre a outra. A intensidade e o campo de ação dessas tendências opostas são determinados pelos planetas localizados nesses grupos triangulares.

No homem comum, essa oposição expressa-se por meio do conflito de forças evolutivas e involutivas. Já no Iniciado, revela-se como possibilidade de fusão dos polos da energia, o que o conduzirá a estados de síntese e de equilíbrio (simbolizados pelo hexágono), nos quais fogos potentes podem exprimir-se. Em toda a conjuntura, a expressão superior ou inferior decorrente do impacto da energia sobre a vida manifestada dependerá do grau de pureza da matéria que o recebe. A energia em si é neutra: se em certo nível mostra nuanças involutivas, em outro mostrará nuanças evolutivas. O mal e o bem existem como tais enquanto a consciência está imersa na ignorância, e as energias representadas pelas constelações zodiacais guardam diferentes aspectos, porém, sempre relativos ao grau de consciência de quem as contata.

Quando o Sol e a Lua estão posicionados no grupo que se apresenta como um triângulo descendente (desenho inferior, página 77), a tendência de o mundo imaterial tocar o mundo material é ressaltada. Nesse caso, o triângulo ascendente expressa a tendência de a matéria elevar-se ao encontro da vida abstrata. Em meio a essas duas tendências, que se complementam, está o grupo de seis elementos, o hexágono, que sintetiza o estado de união dessas correntes.

Considerando-se que o número cinco tem relação com processos iniciáticos[7], os grupos que compõem esse sistema podem ser vistos da seguinte maneira:

- triângulo ascendente: o Iniciando;
- triângulo descendente: o grupo interno ao qual o Iniciando está coligado;
- hexágono: os seres que sustentam a cerimônia; em psicologia esotérica, simbolicamente denominados *padrinhos.* O Hierofante é a parte invisível dessa conjuntura.

Sêxtuplo[8]

Um sistema assimétrico sêxtuplo revela a existência de uma corrente energética que engloba todas as constelações zodiacais e as interliga, colocando em destaque o vínculo direto que há entre algumas delas, vínculo que tem por base a posição que o Sol e a Lua podem assumir nesse sistema.

Enquanto no sistema simétrico sêxtuplo há seis grupos bem definidos, no assimétrico há um só, cuja imagem é a de uma estrela de doze pontas.

---

[7] A estrela de cinco pontas é um dos símbolos das Iniciações. Vide SEGREDOS DESVELADOS – *Iberah e Anu Tea*, do mesmo autor, Irdin Editora.

[8] Há também sistemas simétricos sêxtuplos. Vide página 73.

O número doze é um símbolo de grande poder na atual etapa evolutiva da humanidade. Representa a comunhão com fontes elevadas e profundas (eram doze os apóstolos) e o serviço impessoal; além disso, é chave para o contato com a Hierarquia e para o caminho ascensional do ser humano.

Nesse sistema assimétrico, cada constelação está diretamente ligada a duas outras, e a reunião desses grupos de três elementos dá origem à estrela de doze pontas. As relações ternárias são o fundamento da atuação desse sistema, mas há também, ao mesmo tempo, campos de tensão polares em cada uma das linhas que formam a estrela.

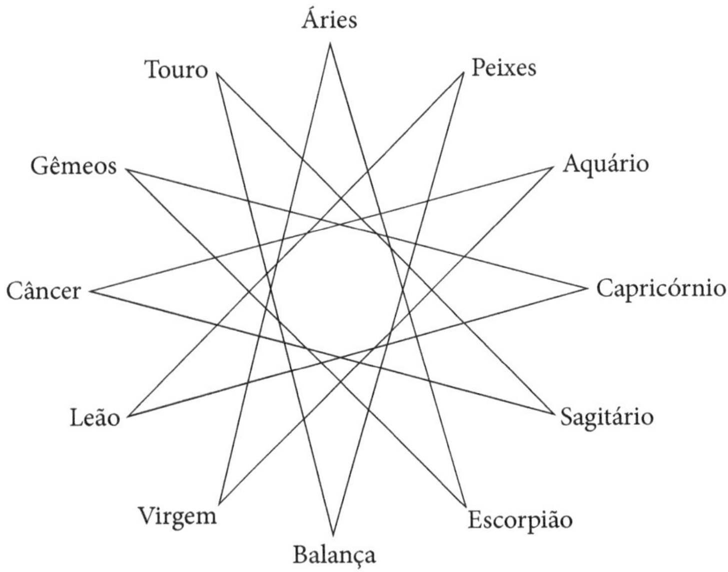

A possibilidade de em todas as áreas de um sistema conviverem aspectos ternários e binários revela que, quando a energia se exprime por meio de tais configurações, ela tem capacidade de canalizar seu potencial livremente para a consumação de sua meta, contando com o auxílio de fogos que atuam com base tanto em princípios elétricos, polares, quanto em princípios superiores, neutros. No caso do sistema assimétrico sêxtuplo, há um intenso impulso à elevação da esfera de vida dos seres a âmbitos mais amplos, que transcendem o viver habitual da humanidade terrestre.

Esse sistema é um dos mais misteriosos e traz importantes estímulos ao contato com realidades abstratas e com vibrações vitalizadas pelas Hierarquias que lidam com a comunicação cósmica. Tendo-se em vista esses pontos, conclui-se que o que define se um sistema sêxtuplo é simétrico ou assimétrico é o grau de liberdade dos parâmetros materiais com que a energia pode agir.

Assim, para que um sistema sêxtuplo seja considerado assimétrico é preciso que se reconheça a predominância de energias que não se limitam à expressão pessoal e humana dos seres envolvidos na situação em estudo.

* * *

Um exemplo preliminar

Como esclarecimento sobre o uso desses sistemas, tomemos como exemplo um caso em que o Sol se encontra em Áries e a Lua em Capricórnio.

Vemos que há quatro constelações no âmbito delimitado entre o Sol e a Lua: Áries, Peixes, Aquário e Capricórnio.

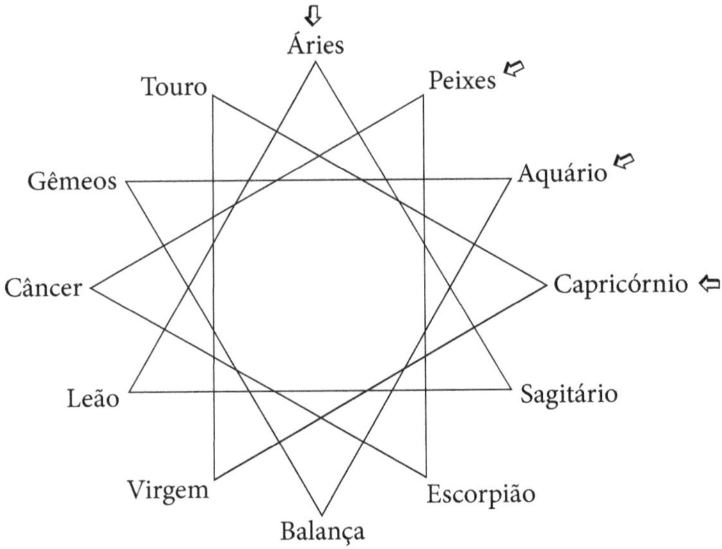

Sendo quatro o número de constelações, o impulso-vida ao penetrar o âmbito do sistema solar em direção à Terra vem imbuído de uma vibração de harmonia e de ligação dos diversos níveis de existência, agindo principalmente sobre os planos materiais, já que uma das qualidades dos sistemas quaternários é conduzir a matéria à perfeição. Nesse caso, esse impulso é "filtrado" por Áries, Peixes, Aquário e Capricórnio.

Os grupos que compõem um sistema quaternário têm energias específicas:

elevação,
permanência,
expansão horizontal e
dinâmica.

- O grupo que exprime elevação tem, como núcleo polarizador, Áries. Como já vimos, Áries trabalha na elevação dos níveis materiais e psíquicos, agindo principalmente sobre o ego.

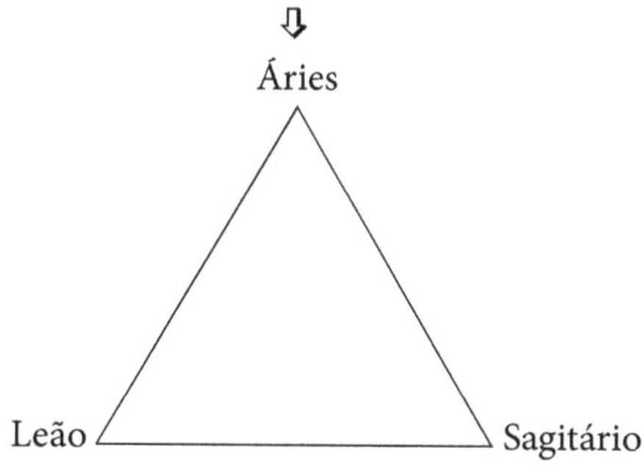

- O grupo que exprime permanência tem como núcleo polarizador Peixes. Peixes proporciona a síntese, nos níveis espiritual e monádico, de passos evolutivos dados.

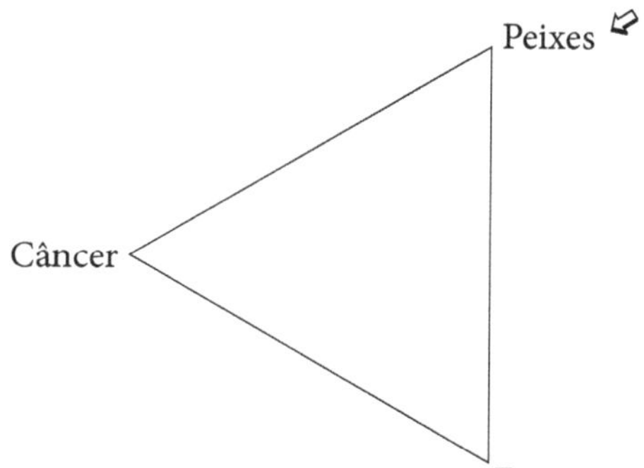

- O grupo que exprime expansão horizontal tem como núcleo polarizador Aquário. Aquário estimula a unificação do ser com as energias do mundo espiritual, conduzindo-o a estados de síntese.

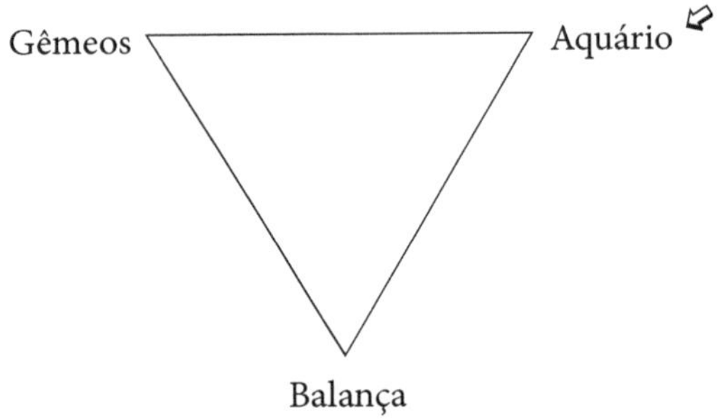

- O grupo que exprime dinâmica, tem como núcleo polarizador, Capricórnio. Capricórnio imprime um ritmo pulsante aos fatos da vida espiritual.

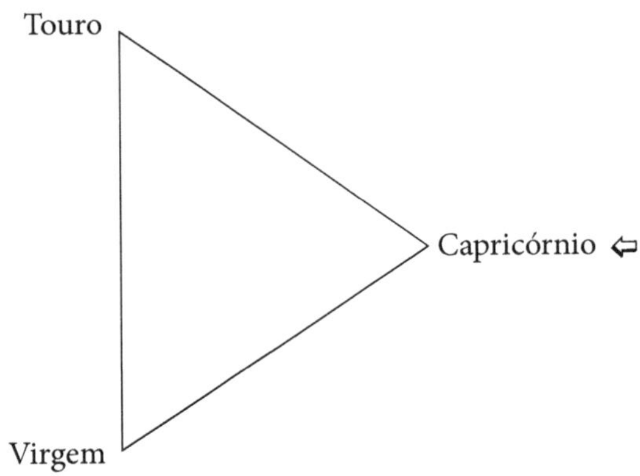

Assim, podemos dizer que:

- O propósito interno subjacente à conjuntura em estudo é a harmonização entre os vários níveis de consciência nos quais o impulso-vida está atuando.

- Poucos obstáculos a passos significativos podem ocorrer sob sua influência, pois o controle das forças de inércia é auxiliado por Capricórnio, que transmite impulsos iniciáticos. Além disso, o ego está sob a irradiação de Áries que, auxiliado pela energia do grupo Áries—Leão—Sagitário, está pronto a atraí-lo para caminhos transcendentes. Acrescenta-se ainda que Peixes e Aquário, nesse sistema, lidam fundamentalmente com o mundo espiritual, sendo esse plano, portanto, uma base de sintonia para o impulso-vida.
- As constelações onde o Sol e a Lua se encontram trazem pontos reveladores. A posição do Sol em Áries e da Lua em Capricórnio mostra que a tendência natural à inércia, presente na irradiação da Lua, pode ser reduzida por Capricórnio, trazendo maiores possibilidades de desenvolvimento ao impulso-vida. Além disso, estando o Sol em Áries, há um considerável chamado ao pioneirismo.

Para se fazer um estudo completo, é preciso levar em conta o maior número possível de elementos presentes. Embora nesse exemplo tenhamos visto apenas alguns pontos relevantes para uma compreensão genérica dos sistemas zodiacais, ressaltamos que, tendo em conta o que se observa das influências dessas constelações, a chave para a plena manifestação da energia disponível é o ser permitir-se conduzir pela bela conjuntura por elas expressa, sem jamais se deixar vencer por resistências.

Síntese do trajeto

Tendo reconhecido os sistemas de constelações e o seu uso, percebemos que havíamos cumprido uma etapa deste estudo. Era necessário, então, sintetizarmos o que nela aprendêramos para que os passos seguintes contassem com uma base firme, fruto da assimilação do que nos fora revelado.

Vimos que:

- O Sol representa a realidade interior de um impulso-vida em manifestação, seja esse impulso-vida um ser, um grupo, um Reino da Natureza ou outras expressões.
- A posição do Sol na esfera celeste dá os indícios de que vibrações influenciam interiormente o ciclo daquela manifestação, determinando os pontos centrais da sua evolução. Assim, a constelação na qual o Sol se encontra caracteriza os fundamentos para o desenvolvimento espiritual naquele ciclo, e os planetas que circundam o Sol têm grande ascendência nesse processo.
- A Lua representa o aspecto formal do impulso-vida em um ciclo. A constelação em que ela se encontra e os planetas que a circundam revelam as características dessa expressão.

- Os planetas que constituem o círculo imediato em torno do Sol denotam que energias estarão mais presentes no desenrolar da manifestação do impulso-vida, e os que circundam a Lua trazem chaves importantes sobre aspectos dos fogos materiais ativos nesse ciclo.
- Esses planetas, além de interagirem com as constelações zodiacais, atuam diretamente sobre o canal por onde passa o impulso-vida até chegar à Terra.
- Os planetas que estão fora dos limites desse canal atuam indiretamente.

Além dos princípios acima, resumiremos os pontos vistos anteriormente sobre os astros manifestados neste sistema solar, as constelações zodiacais e os sistemas por elas formados. Lembramos, todavia, que essas são apenas indicações, e não regras.

O estudo astrológico, assim como o compreendemos, pede abertura ao mundo intuitivo e, quando o indivíduo se apega a um conceito, já não pode intuir algo mais profundo. Desse modo, ressaltamos que as tabelas a seguir devem ser consideradas setas que apontam um caminho que, para dar-se realmente a conhecer, tem de ser trilhado.

Núcleos do Sistema Solar			
	Chave	**Impulso descendente**	**Impulso transcendente**
Sol	verticalização	ascensão espiritual	egocentrismo
Mercúrio	iluminação mental	despertar místico	conflitos mentais; envolvimentos com fatos mundanos
Vênus	harmonia	alinhamento com energias espirituais	instabilidade vibratória e sentimentalismo
Lua	ascendência sobre a forma	depuração de padrões materiais	identificação com a vida externa
Marte	ímpeto	serviço; solicitude	combatividade; caráter errante e conflitivo
Júpiter	manifestação da lei	visualização da Totalidade	despotismo
Saturno	alinhamento com leis cíclicas	sintonia com ritmos cósmicos	tendência à cristalização; engendramento de expectativas
Netuno	adaptabilidade	coligação com planetas sutis	emotividade extremada
Urano	abertura ao imaterial	aproximação à inalterabilidade	omissão
Plutão	discernimento	coligação com a vida intraterrena	exarcerbação dos instintos

Constelações do Zodíaco			
	Chave	**Impulso descendente**	**Impulso transcendente**
Áries	poder de dar início e de renovar	coragem para assumir novos passos	presunção e vanglória pessoal
Touro	capacidade de plasmar obras superiores na vida material	canalizar o poder criador para fins evolutivos	degeneração da energia criativa
Gêmeos	aproximação entre forma e energia	unificar o mortal ao imortal	tendência à dispersão
Câncer	confirmação da meta	firmar bases para novos ciclos	incapacidade de perceber o real
Leão	reconhecer-se no mundo abstrato	uso evolutivo da energia do poder	autoritarismo; egocentrismo
Virgem	devotamento à obra criadora	receptividade à obra cósmica de criação	dificuldade em relacionar-se com polaridades
Balança (ou **Libra**)	equanimidade e síntese	tornar-se a imagem do real	omissão; rigidez mental
Escorpião	entrega incondicional	Fazer-se incorruptível	prepotência; extremismo
Sagitário	cura; ascensão pela sabedoria	conhecer a verdade e transformar-se nela	inconstância; superficialidade
Capricórnio	abundância; impulso iniciático	participação em processos evolutivos universais	confundir a luz interna com a vida mental
Aquário	serviço e doação desinteressados	abertura ao novo; estar além das recompensas pessoais	indiferença; instabilidade; promiscuidade
Peixes	dissolução da individualidade na totalidade	manifestar o espiritual na vida grupal	fraqueza de caráter; insegurança; interesse pelo ilusório

Sistemas de constelações zodiacais[1]

	Chave	Grupo	Característica
Unitário	síntese e alinhamento com energias específicas	as doze constelações, sendo uma delas o vértice do grupo	concentração em uma vibração básica; unificação e síntese; globalidade
Binário	polaridade	Áries Gêmeos Leão Balança Sagitário Aquário	polo positivo, masculino; impulso à expansão; criatividade
		Touro Câncer Virgem Escorpião Capricórnio Peixes	polo negativo, feminino; impulso à abstração, receptividade
Ternário	equilíbrio	Touro Leão Escorpião Aquário	Vontade-Poder (Primeiro Raio) irradia o fogo cósmico
		Gêmeos Virgem Sagitário Peixes	Amor-Sabedoria (Segundo Raio) irradia o fogo solar
		Áries Câncer Balança Capricórnio	Atividade Inteligente (Terceiro Raio) irradia fogo fricativo

Continua ⇨

[1] Esta tabela contém os sistemas simétricos e os assimétricos.

Continuação da tabela anterior	**Chave**	**Grupo**	**Característica**
Quaternário	harmonia na forma; elevação da matéria	Áries Leão Sagitário	elevação; ascensão a novos patamares
		Touro Virgem Capricórnio	dinâmica; impulso ao movimento
		Gêmeos Balança Aquário	expansão em nível horizontal; relacionamento com universos já conhecidos
		Câncer Escorpião Peixes	permanência; síntese do desenvolvimento atingido
Quíntuplo	Contato com o mundo espiritual	triângulo ascendente	tendência da matéria para elevar-se à vida abstrata
		triângulo descendente	tendência do mundo imaterial para tocar o mundo material
		triângulos que apontam para a direita e para a esquerda	impulsos antagônicos que necessitam ser harmonizados e sintetizados
		hexágono	neutralidade, união de opostos, doação que permite a consumação da obra

Continua ⇨

Continuação da tabela anterior	**Chave**	**Grupo**	**Característica**
Sêxtuplo assimétrico	comunhão com realidades supra-humanas	as doze constelações	permeação das esferas de vida por energias transcendentes; contato com padrões cósmicos
Sêxtuplo Simétrico	idealismo; realização incondicional da meta	Áries Balança	bases para a transformação e renovação da vida
		Touro Escorpião	entrega como meio de despertar potenciais internos; transmutação de forças materiais
		Gêmeos Sagitário	Amor-Sabedoria como cura e unificação da consciência
		Câncer Capricórnio	o bem universal como meta
		Leão Aquário	fusão do poder e da sabedoria para a integração da vida planetária
		Virgem Peixes	ritmo como meio de ascensão do individual ao impessoal

* * *

Diz um antigo aforismo: "Que se alegrem os que chegam, mas que não reduzam o ritmo da caminhada, pois quem pensa ter alcançado o destino ainda não percebeu o trajeto que está para ser percorrido". O ingresso nos mistérios do cosmos reserva, a cada instante, uma nova descoberta. A eternidade imutável e a transformação constante fundem-se na dinâmica das esferas celestiais; são um convite irrecusável para os destemidos, para os que amam a grandiosidade da existência velada pelos universos manifestados.

Parte II

A VIDA À LUZ DO COSMOS

Um diálogo esclarecedor

A que se pode atribuir o novo impulso astrológico, expresso inclusive pelos sistemas de interações descritos?

Toda a Terra está vivendo uma fase aguda de transição, fase que teve início em 8.8.88. Em 8.8.93, completou-se um ciclo de cinco anos, e essa fase ganhou novo aspecto: algumas confirmações, que até então estavam em suspenso, foram seladas. A partir dessa data, é notável a diferença de vibração na energia planetária, como se a escolha dentre vários caminhos tivesse sido reafirmada.

Com essa tomada de posição da consciência terrestre, certos estímulos, que antes não estavam disponíveis para a humanidade de superfície, tornaram-se acessíveis e estão sendo canalizados para ela pelas Hierarquias planetárias e cósmicas. A revelação de novas nuanças do impulso astrológico é um deles e, embora tenha trazido uma estrutura formalizada e passível de aplicação prática, sua meta não é criar regras e conceitos para a compreensão das emanações sutis que provêm do universo que nos circunda e, sim, auxiliar a consciência humana a estabelecer sintonia com padrões arquetípicos e vibrações extraplanetárias. Sem que isso se dê, o exercício da Astrologia, segundo as interações aqui apresentadas, reduz-se a um ato mecânico, desprovido da transcendência que precisa ser conquistada por essa humanidade.

O que neste livro é transmitido não deveria ser usado com fins utilitaristas, comerciais ou outros. Acima de tudo, para um estudo astrológico como o proposto, é preciso que o indivíduo esteja pronto a servir de canal para energias abstratas, que trazem a potência dos arquétipos e dos símbolos cósmicos, vórtices energéticos desencadeadores do que transcorre no mundo formal.

Um dos fundamentos deste estudo astrológico é, então, o contato com padrões arquetípicos?

Sim, sem a abertura a esse contato, a percepção dos sistemas descritos aqui não teria sido possível. O que nos foi sendo revelado vinha imbuído de uma energia cristalina, pura, como puras são as ideias que, emanadas de fontes imanifestadas, vibram nos éteres criando as bases para o surgimento das formas e da vida material.

Esses sistemas fundamentam-se em concentrados energéticos de inestimável valor: figuras geométricas e números. Neles, o número 12 atua como o ponto de origem e de destino, além de guardar chaves importantes para a transição atual da Terra e para o ciclo que ora se inicia. Surge da interação dos níveis de consciência que compõem a vida física e os que compõem a vida astral do cosmos, ou seja, é a soma dos sete níveis do plano físico cósmico com os cinco níveis do plano astral cósmico. Essa interação conta com um trabalho conjunto das energias das 12 constelações do zodíaco; porém, não se restringe ao círculo zodiacal, nem ao que está manifestado no cosmos.

Para se lidar com temas desse tipo, é preciso abertura para intuir mais do que para raciocinar. Por isso são transmitidos aqui apenas indícios, que poderão ser as sementes de desenvolvimentos posteriores no mundo interno do próprio leitor.

Sobre os símbolos que esse novo impulso astrológico nos traz, podemos ver, por exemplo, que os sistemas quaternários relacionam as constelações segundo uma lei que se expressa como 4 x 3, ou seja, o relacionamento de quatro triângulos. O triângulo é considerado a figura geométrica primordial, a que surge da interação do menor número de retas que assim delimitam um universo, um âmbito energético. É o símbolo do trabalho efetuado pelos *Logoi*, já que eles são consciências que se ocupam da manifestação e da regência dos universos. O quatro, chave do relacionamento desses concentrados triangulares, simboliza a ligação entre diferentes estados e níveis de existência, bem como entre universos; é também um número do Reino Humano, o quarto reino, elo entre os reinos que evoluem na matéria e os que habitam mundos intangíveis. Assim, por trás de um sistema quaternário está uma conjuntura favorável a que o Reino Humano sirva de ponte entre o impulso logoico e seu reflexo na vida material.

Vemos ainda que os sistemas de constelações zodiacais expressam leis internas, pois neles as leis da matemática convencional não se aplicam estritamente; por exemplo, neles 4 x 3 (dos sistemas quaternários) exprime algo diverso de 3 x 4 (dos sistemas ternários), embora resultem num mesmo produto, o 12, base de todos esses sistemas.

O número 12 é, na verdade, uma síntese das energias que dessa área do cosmos, o círculo zodiacal, são permanentemente transmitidas para a Terra. Há, porém, impulsos específicos, e esses é que podem ser traduzidos por meio dos sistemas que temos apresentado.

Nos sistemas ternários, por exemplo, dá-se uma interação de três quadrados. O quadrado é símbolo do equilíbrio da matéria, ou seja, é símbolo de uma base material em harmonia para acolher impulsos espirituais. Nele o traço horizontal e o vertical são perfeitamente iguais. As constelações que formam cada um desses quadrados são grupos de energias que, juntos, podem colaborar para que o equilíbrio seja alcançado no âmbito em que atuam. Além disso, cada grupo é imbuído de uma vibração que lhe faculta trabalhar mais especificamente em determinados planos da existência, no que concerne à evolução no universo-Terra. A interligação do trabalho desses grupos tem como chave o número 3, cujos aspectos simbólicos são inesgotáveis.

Portanto, nesse estudo astrológico, o aprofundamento da percepção intuitiva e o contato com o mundo dos símbolos não deveriam ser desconsiderados.

Outros estados de consciência podem ser simbolizados por figuras geométricas assim como os *Logoi* o são pelo triângulo?

Tudo o que existe manifestado pode ser expresso por um símbolo e, de certo ponto de vista, é por sua vez um símbolo. Além disso, cada fato, cada situação, cada estado de consciência pode ser percebido em diferentes níveis, e cada uma dessas percepções pode corresponder a um símbolo distinto. Por isso, informações sobre os significados dos símbolos, ainda que verdadeiras, tornam-se improfícuas se cristalizadas.

Como exemplo, podemos citar Anu Tea[1], centro intraterreno que custodia vasto conhecimento do simbolismo existente no planeta e no cosmos em geral. Quando atua estimulando a elevação da consciência humana, Anu Tea é simbolizado pela estrela de cinco pontas; todavia, ao mesmo tempo o é pelo triângulo[2] quando exprime sua capacidade de auxiliar na moldagem, na vida material dos impulsos que provêm de fontes imanifestadas.

O homem que atinge o estado de avatar[3] pode ser simbolizado por uma reta vertical, pois sua manifestação está vinculada ao trabalho de tornar o que está em planos mais densos semelhante aos padrões superiores existentes nos planos mais sutis. A tarefa da essência humana nos mundos formais, todavia, é simbolizada pelo quadrado, ou seja, deve atingir e espelhar o justo equilíbrio entre movimentos de forças horizontais e verticais. O Reino Dévico, por sua vez, ao construir os moldes que darão partida ao surgimento das formas, lida com a harmonia das polaridades e, portanto, sob esse aspecto, tem como símbolo a estrela de seis pontas, com seus dois triângulos em perfeita

---

[1] Informações sobre o centro intraterreno Anu Tea encontram-se especialmente nos livros SEGREDOS DESVELADOS – *Iberah e Anu Tea*, O VISITANTE – *O Caminho para Anu Tea* e OS NÚMEROS E A VIDA – *Uma nova compreensão da simbologia oculta nos números*, do mesmo autor, Irdin Editora.

[2] O triângulo também simboliza a capacidade de dar forma a emanações abstratas.

[3] **Avatar**: consciência que atingiu graus de unificação com o cosmos que lhe conferem onisciência e onipresença. Tal realização decorre de os prolongamentos que o constituem (as mônadas, que evoluem no mundo manifestado, e os princípios, que evoluem nas fronteiras com o mundo imaterial) terem sido integrados no âmago do seu ser – integração que inclui também a síntese de vários Raios. Literalmente, a palavra *avatar* significa encarnação divina, e os seres que recebem essa denominação são aqueles cuja presença na Terra é motivo de elevação para a vida de inúmeros indivíduos e para a vida da superfície de todo o planeta.

harmonia; mas se formos considerar o trabalho dos devas junto aos Espelhos[4], outros símbolos emergirão. Por isso, temos de ser maleáveis, permitindo que a energia nos revele, a cada instante, sua face renovada.

Por que um estudo como este, que deve conduzir o ser ao contato com a essência da vida, leva em consideração fatos físicos e materiais, como a posição dos astros?

O que se vê externamente, o que nos circunda, é uma mínima porção da realidade; no entanto, um ser encarnado no plano físico tem uma tarefa a cumprir nele, e para isso deve saber conduzir adequadamente suas energias e forças também nesse nível; deve saber relacionar-se de modo evolutivo com os diversos planos de vida do universo.

A realidade abstrata, o mundo invisível, irradia suas energias para o mundo formal, e o desenrolar dos fatos concretos estrutura-se com os elementos materiais disponíveis. Ao estudarmos o significado de conjunturas de astros, estamo-nos abrindo para perceber o propósito de energias internas, a fim de colaborar mais eficazmente na sua realização, já que essas conjunturas simbolizam esse propósito e impulsionam o seu cumprimento. Porém, leve-se em conta que nesse estudo os parâmetros usados dizem respeito à posição relativa dos astros entre si, assim como são vistos

---

[4] **Espelhos**: rede energética que interliga universos, permitindo-lhes comunicarem-se. Onde quer que haja fluxo de energia, os Espelhos estão atuando. Dessa rede fazem parte seres, centros planetários, planetas, estrelas, galáxias e esferas de existência mais amplas. Vide HISTÓRIA ESCRITA NOS ESPELHOS – *Princípios de Comunicação Cósmica*, do mesmo autor, Irdin Editora.

considerando-se a Terra de um modo geral. São, pois, de certo modo, independentes da localidade em que o indivíduo se encontra.

A meta evolutiva do cosmos é consumada nos planos concretos a partir das determinações do mundo interno, o qual propicia a ordenação dos elementos materiais de modo a refleti-la. A influência dos astros celestes sobre a vida terrestre é notória. As marés, causadas predominantemente pelo movimento da Lua, são exemplo bem palpável de que essa influência se sobrepõe à inércia de grandes volumes de água. Se isso ocorre com partículas materiais, pode-se dizer, evidentemente, que mais efetiva é essa influência nos níveis sutis e na consciência, que são, como se sabe, bem mais receptivos a emanações supramateriais. Essa é uma constatação em que nos devemos aprofundar, se queremos ir além deste pequeno mundo terrestre, cujas fronteiras estão sendo alargadas. Para tanto, é preciso estarmos atentos ao que se passa no mundo externo, mas considerando-o um espelho de algo transcendente e deixando, assim, de restringi-lo ao âmbito das leis materiais. Se o ser humano, em geral, soubesse que seus pensamentos e sentimentos são realidades vivas e atuantes em níveis sutis – realidades que têm igual ou até maior peso para o transcurso evolutivo que os fatos do mundo concreto –, ficaria alerta ao que engendra.

Poderia falar-nos algo mais acerca dos fatores que provocaram o surgimento deste estudo astrológico?

Até 8.8.93, não era essencial para a evolução da humanidade a revelação de novas perspectivas em Astrologia; porém, a partir dessa data portais cósmicos se abriram e mudanças na conjuntura energética do planeta ocorreram, tornando necessária a transmissão de impulsos que coliguem a consciência humana com esferas mais amplas e profundas do que as até então acessíveis.

Uma parte desta humanidade poderá ter sua próxima manifestação em outros planetas (físicos ou não) deste mesmo sistema solar ou de outro, desta ou de outra galáxia. Os que viverão essa mudança devem desde já sintonizar com o destino que os espera. Ao nos abrirmos ao relacionamento com o cosmos, percebendo-o como energia em contínuo e sábio movimento, favorecemos essa sintonia.

É inegável que esta humanidade conduziu a superfície do planeta a um gravíssimo desequilíbrio, tanto do ponto de vista físico como do psicológico. O atual código genético da espécie humana não prevê a convivência com agentes degeneradores tais como a radiação nuclear e a poluição química, que rapidamente destroem os filtros atmosféricos que resguardam a vida terrestre de vibrações nocivas dos raios solares. A insalubridade do ar e das águas em geral é patente. Além disso, é remotíssima a possibilidade de uma tomada de consciência global que venha a contribuir para o reequilíbrio dessa situação. O *monstro utilitarista* é grande demais para ser derrotado facilmente. Por isso, é bom lembrar que a ajuda das Hierarquias planetárias e cósmicas está sempre disponível para os que realmente a buscam.

A partir do trabalho dessas Hierarquias, alguns indivíduos estão recebendo nos níveis sutis um novo código genético, que propicia grandes mudanças internas, mesmo que ainda não possa transformar seus corpos materiais. A introdução desse novo código genético no ser humano não tem o objetivo de criar, hoje, uma estrutura corporal adequada para os tempos que virão, mas visa, fundamentalmente, despertar potenciais sutis que deem condições de o ser interagir com os mundos suprafísicos e auxiliar os semelhantes na hora de maior necessidade, obtendo do nível intuitivo clareza e lucidez sobre os passos a ser dados.

Quem vive os momentos atuais ciente do que realmente se passa no planeta percebe no mais profundo de si a necessidade de agir em consonância com energias que procuram transformar essas circunstâncias. Evidentemente, logo reconhecerá que, na maioria dos casos, a ação no plano material desencadeia mais reações contrárias do que resultados positivos; mas a consciência é livre, e nada pode impedi-la de estar inteiramente unida ao Bem.

Que fatores podem auxiliar a implantação do novo código genético?

Um deles é o que dissemos há pouco: manter a consciência inteiramente unida ao Bem. Igualmente fundamental é evitar exprimir-se por meio de fogos fricativos. O novo código genético, o GNA, predispõe o ser humano ao contato e ao relacionamento com fogos sutis e com padrões de conduta libertos do egoísmo. Sua implantação é, portanto, dificultada quando a agressividade e outras tendências negativas prevalecem. Uma prática que pode ser adotada por quem assume colaborar com o desenvolvimento das qualidades trazidas pelo GNA é estar atento para evitar que os aspectos inferiores do seu ser, que agem por meio do atrito, sejam alimentados por suas ações, sentimentos e pensamentos.

Esse novo código genético, ao ser criado, contou com energias provenientes de mundo incorpóreos, onde a essência da vida e a realidade externa estão bem próximas e em harmonia. A aspiração a atingir esse estado é também um fator de auxílio para a sua implantação.

Como esse novo código genético é introduzido no indivíduo?

A implantação do GNA não é uma opção humana, embora certas atitudes possam facilitar ou prejudicar o processo de sua incorporação. Fundamentada como é no amor universal, são as necessidades internas do ser que a determinam. Esse amor traz-lhe condições de uma existência digna, na qual ele possa exprimir o que de sublime pulsa em seu interior; além disso, conhece a situação de cada um e não coloca um indivíduo, cujo interesse se limita a fatos materiais, diante de vibrações tão sutis que lhe venham a parecer esmagadoras.

A maioria dos membros desta humanidade tem uma vida descompassada dos seus anseios genuínos e evolutivos; mas a maturidade interna de alguns é suficiente para prepará-los para ciclos de vida mais sutil. A sintonia com os impulsos emanados pelo GNA dá-se pela dinâmica do potencial invisível do ser, e não tanto pelo que ele exprime exteriormente. Essa sintonia ocorre no âmbito das interações magnéticas, e tem a alma e os núcleos superiores como polos de atração. Sobre isso, verdadeiras são as palavras de antigos profetas: "Os que tiverem sido inteligentes resplandecerão com o brilho do firmamento, e os que tiverem introduzido muitos no caminho da justiça luzirão como as estrelas, com um perpétuo fulgor"[5].

Há no cosmos Hierarquias que se encarregam de acompanhar a evolução dos reinos e de dar condições ao seu

[5] Daniel 11,3.

prosseguimento, proporcionando as mudanças de código genético que forem necessárias. Tais Hierarquias são denominadas *Jardineiros do Espaço*[6], operam por meio de naves-laboratório, núcleos de consciências suprafísicos capazes de atuar também nos níveis materiais. Como exemplo do trabalho dos Jardineiros do Espaço nesta época, citamos o fato de muitos indivíduos terem tido contatos com energias que lhes proporcionaram curas e grandes transformações, contatos marcados em sua memória por intermédio de sonhos ou de vivências subjetivas. Mas, embora isso se dê bem frequentemente na época atual, nem sempre a consciência externa do ser que vive a experiência a registra.

Esses contatos ocorrem na aura energética da Terra?

A maioria sim, mas não é uma norma. Há poucos séculos, a civilização europeia desconhecia a existência do continente americano; sua ideia acerca do universo-Terra restringia-se a uma pequena área, ainda que este fosse muito mais amplo. Fato semelhante dá-se com a humanidade de hoje em relação à vida cósmica: bem pouco conhece dela. Há, por exemplo, luzes visíveis na abóbada celeste que na verdade existem apenas em níveis sutis, e certos astros, tidos como planetas, que na realidade são bases construídas para cumprir tarefas determinadas ou para equilibrar trajetórias de outros corpos celestes. Além disso, é preciso considerar que todo o cosmos é uma só entidade, da qual cada núcleo é como uma célula. Somos partículas desse grande corpo, e falta-nos estar conscientes disso, deixar de ser nocivos a essa vida incomensurável e infinitamente sublime.

---

[6] Vide Os JARDINEIROS DO ESPAÇO, do mesmo autor, Irdin Editora.

As Hierarquias assistem à evolução de todos os reinos e dos seres que os constituem. Fornecem o que de melhor pode suprir a necessidade de desenvolvimento de cada um. Se a consciência do ser alcançou ampliações suficientes e chegou a graus de amadurecimento que permitam novas incursões em esferas sutis, as Hierarquias abrem-lhe caminhos que a levarão a universos sempre mais amplos.

Se a consciência vibra em nível de alma, é acolhida pelos grupos de almas atuantes na vida interior do planeta, e junto a eles aprende os segredos do serviço desinteressado. Se os tênues e radiantes fios de energia solar e cósmica já tiverem tecido o corpo de luz para a manifestação da consciência, planos mais profundos da vida interna estarão ao seu alcance, e os vestíbulos dos mundos solares serão por ela visitados. E ao se exprimir plenamente como mônada, assumirá tarefas de vulto universal e iniciará seu aprendizado em âmbitos cósmicos.

Essa é uma escalada básica que todos cumprem em tempos normais; porém, quando a conjuntura energética de um planeta chega ao ponto de instabilidade no qual a da Terra se encontra, a emergência atrai oportunidades inesperadas, e fatos antes improváveis ocorrem livremente. Por isso há, por exemplo, seres que estão podendo estabelecer contatos extrassolares, embora não tenham completado etapas de aperfeiçoamento no nível da alma. A poderosa vibração do centro intraterreno Miz Tli Tlan[7] está possibilitando essas oportunidades, pois o sistema cósmico de comunicação nele instalado tem penetração em âmbitos que formam as bases do trabalho que as Hierarquias intergalácticas têm a desempenhar nesta esfera planetária.

---

[7] Vide MIZ TLI TLAN – *Um Mundo que Desperta* e SEGREDOS DESVELADOS – *Iberah e Anu Tea*, do mesmo autor, Irdin Editora.

Certa vez, um estudante relatou-nos que teve sua consciência trasladada para os níveis onde a vida de Miz Tli Tlan transcorre. Percebeu-se sendo atraído para esse contato pelos vórtices que compõem o circuito energético do consciente direito: o plexo cósmico e o centro da cabeça vibravam numa velocidade admirável, e era o centro cardíaco que abria os portais para que a consciência pudesse ser conduzida a essas esferas sutis. Não lhe chegavam impressões visuais, como imagens ou formas; era uma experiência abstrata que a mente traduzia com os elementos de que dispunha. Ela registrava o trabalho de uma fonte emissora e receptora, cujos sinais viajavam mais rápido que a luz.

Esse estudante soube que a luz vela o mistério da materialização dos universos. Num plano superior ao dela, há a energia num estado mais puro e livre, sem parâmetros formais. Por isso o Espelho Maior de Miz Tli Tlan lida com interações acima do nível da luz, e assim tem acesso à vida além do espaço-tempo, opera na eternidade e é imbuído de onisciência. É profundamente animador saber que isso está ocorrendo neste planeta, cujo aspecto externo está tão caótico.

Dentro desse infinito campo de conhecimento, qual o alcance do que é apresentado neste livro?

Antes de vermos a planta em toda a sua plenitude, ela tem de deixar o estágio de semente e passar por várias fases. Este livro exprime as etapas iniciais do desenvolvimento de um estudo astrológico coerente com o nível de consciência dos seres humanos que já despertaram para a realidade interna. Certamente serão reveladas, posteriormente, fases mais avançadas desse desenvolvimento.

Este estudo é uma abertura ao mundo intuitivo e requer uma sintonia com padrões arquetípicos extraplanetários que vigoram no sistema solar durante esta transição da Terra. É uma porta, e não, ainda, o que está do *outro lado* dela, onde nos aguarda algo mais amplo, profundo e misteriosamente belo. Atravessá-la é algo que depende de fatores planetários e também da necessidade de esse conhecimento ser dado aos seres humanos. As revelações internas não se dão segundo a escolha dos canais que as transmitem, não se dão em nível humano, mental. Quando se está disponível para colaborar com a Hierarquia, percebe-se que existe um Plano de Evolução, e as ações de quem está a serviço dele – quando o livre-arbítrio não interfere – são guiadas por esse Plano.

É evidente que a consciência humana precisa ir além do círculo zodiacal. O estudo das conjunturas das constelações zodiacais equivale à interação com os ensinamentos disponíveis neste sistema solar, ensinamentos em que a essência dos planetas nele existentes e a dessas constelações estão unidas, fornecendo possibilidades de que se amplie a consciência para que penetre a realidade monádica. Traspassar o círculo zodiacal significa uma maturação da consciência e implica uma estabilidade no nível monádico. A esse grau de amadurecimento os seres despertos estão sendo encaminhados; isso é perceptível, apesar de tudo o que se vê da vida material na Terra.

Lembremos, porém, que estamos estudando esse assunto do ponto de vista da evolução grupal, pois, em todos os tempos, inúmeros indivíduos, embora vivendo na Terra, estiveram muito além do âmbito do zodíaco. No entanto, não havia chegado o momento de transmitirem aos demais, de modo evidente, o impulso dessas coligações mais abrangentes.

Seres como Paul Brunton, que irradiava a vibração da Fraternidade de Sirius, são exemplos de consciências que exprimiam energias suprazodiacais.

Determinadas áreas do cosmos são reflexos de energias muito bem definidas. Isso não é estranho a muitos, só que essa sintonia ainda não emergiu de modo cristalino nas mentes concretas desses seres – o que não deve tardar a ocorrer. Este livro é uma contribuição para isso.

Áreas de irradiação

Embora o cosmos reflita uma ordem perfeita, ele não foi criado com compartimentos delineados sob medidas que respondam aos anseios da mente lógica. O cosmos não tem nomes, fronteiras ou limites. Para ingressar nessa abstração, o arcabouço psíquico do homem necessita de alguns parâmetros e, a fim de suprir essa necessidade, aos poucos foram sendo criadas trilhas para se percorrer esse *vazio pleno*. Essas trilhas têm diferentes vibrações: algumas foram *traçadas* a partir do reconhecimento interno da energia de certas áreas do cosmos, ao passo que outras surgiram das mais vãs ideias humanas. Desse modo, com tendências tão diversas, na misteriosa abóbada que envolve a Terra foram sendo definidas regiões e grupos de estrelas aos quais se deu o nome de constelações.

Há constelações que exprimem estados internos de elevada vibração, e a partir deles foram definidas. É o caso de Andrômeda, de onde, pela redenção que nela já se consumou, provém uma energia revitalizadora e redentora para o planeta. Andrômeda foi o nome dado na Mitologia grega a uma princesa que havia sido acorrentada em um penhasco e seria morta para salvar o reino e seus súditos; porém, tendo-se assim ofertado, foi salva por Perseu que desceu dos céus galgando Pégasus. Neste mito, oculta-se o fato de que a vida expressa em Andrômeda passou por experiências que muito podem auxiliar a Terra, principalmente no estabelecimento da conexão com as Hierarquias intergalácticas. A ciência oficial da superfície da Terra já descobriu que Andrômeda e a Via Láctea estão em processo de fusão, o que se consumará daqui a bilhões de anos.

No entanto, algumas disparidades são encontradas na história da definição das constelações, e isso se revela, inclusive, pelas denominações que recebiam. Por exemplo, um astrônomo[1] do século XVIII chegou a propor o nome de *Felix, o Gato*, para uma constelação, dando como justificativa sua predileção por esses animais... Apesar de vários desses nomes terem sido abolidos com o correr da história, alguns perduram até hoje, como *Cor Caroli, O Coração de Carlos II* (dado no século XVIII, em homenagem ao rei Carlos II da Inglaterra, à estrela principal de *Canes Venaciti); Antlia, a Máquina. Pneumática; Horologium, o Relógio; Microscopium, o Microscópio*, e outros semelhantes.

Tais denominações evidentemente demonstram uma limitação: denotam que um universo que inclui inúmeros níveis de existência foi percebido apenas no plano mental, que é estéril e destituído de verdadeira criatividade. Essa tendência restringiu a revelação das realidades cósmicas ao homem. De fato, grande é a responsabilidade dos que, em nome da "ciência", criam padrões limitados e estreitos que, ao serem disseminados, contribuem para o atraso evolutivo da humanidade.

A área de uma constelação deveria ser reconhecida como tal por refletir uma realidade interna. Tudo o que existe tem vida em vários planos de consciência simultaneamente, e

---

[1] Trata-se do astrônomo francês Lalande.

sua expressão física é a mais limitada de todas. No entanto, pode-se perceber nessa expressão um reflexo claro e direto de algo mais amplo e intangível, e buscar traduzi-lo.

* * *

Alguns parâmetros indicam a posição de um astro ou de uma constelação no céu. Atualmente, usam-se com maior frequência dois deles: ascensão reta (α) e declinação (δ), que correspondem à longitude e à latitude no globo terrestre, respectivamente.

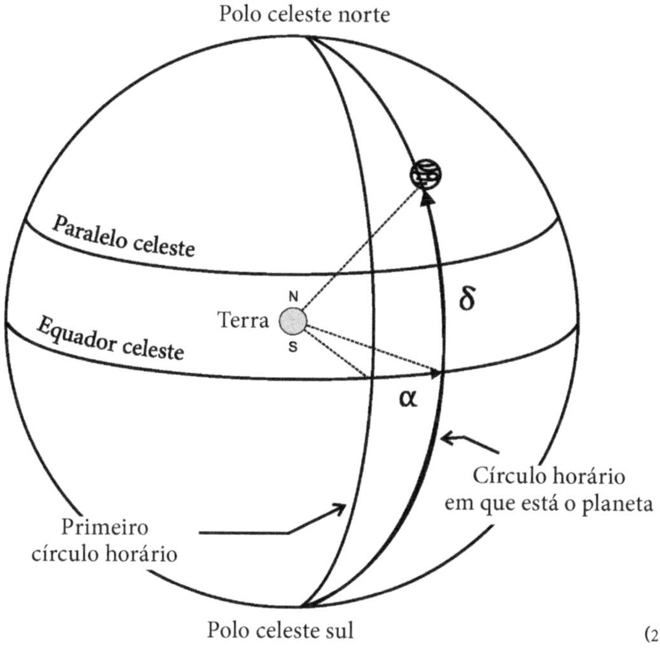

(2)

A unidade das ascensões retas (α) é a hora, e elas assumem valores de 0 a 23h59min59s, no sentido oeste – leste. Já

[2] Desenho sem escala.

a unidade das declinações (δ) é o grau, e elas assumem valores de 0 a 90°, sendo positiva quando está acima do equador celeste e negativa quando está abaixo dele.

Os valores das ascensões retas e das declinações das constelações zodiacais estão mostrados abaixo[3]:

Áries	Touro	Gêmeos	Câncer	Leão	Virgem
α lh44 α 3h27	α 3h20 α 5h58	α 5h57 α 8h6	α 7h53 α 9hl9	α 9h18 α 11h56	α 11h35 α 15h8
δ +10° 2' δ +30° 9'	δ + 0° 1' δ +30° 9'	δ +10° 0' δ +35° 4'	δ +6° 8' δ +33° 3'	δ -6° 4' δ +33°3'	δ+14° 6' δ -22° 2'
Balança	**Escorpião**	**Sagitário**	**Capricórnio**	**Aquário**	**Peixes**
α 14h18 α 15h59	α 15h44 α 17h55	α 17h41 α 20h25	α 20h4 α 21h57	α 20h36 α 23h54	α 22h49 α 2h4
δ -0° 3' δ -29° 9'	δ -8° 1' δ -45° 6'	δ -11° 8' δ -45° 4'	δ -8° 7' δ -27° 8'	δ +3° 1' δ -25° 2'	δ -6° 6' δ +33° 4'

As áreas das constelações, quando projetadas no equador celeste, ou seja, consideradas as suas ascensões retas, se interpenetram:

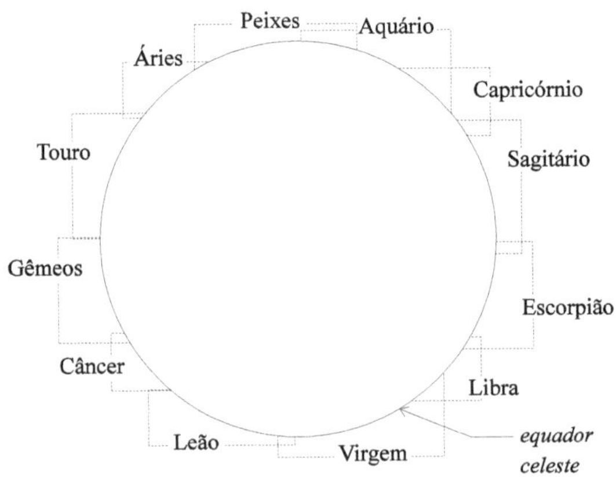

[3] Os dados da tabela são os apresentados pela comunidade científica.

A visão das constelações tal como se apresentam no cosmos pode trazer reconhecimentos importantes.

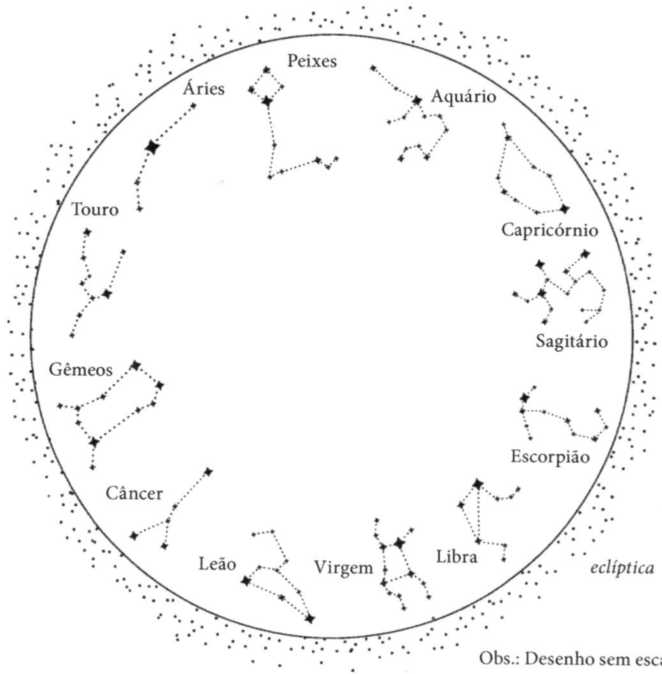

Obs.: Desenho sem escala

Internamente se tornou para nós perceptível que há em cada constelação um ponto central, o núcleo do seu vórtice energético cósmico. Tomando como base a irradiação desses núcleos, que pode ou não corresponder aos limites das áreas das constelações determinados pela ciência oficial, surgiu-nos a seguinte ordenação, tendo como parâmetro as ascensões retas[4]:

Áries	**Touro**	**Gêmeos**	**Câncer**
α 1h45 α 3h25	α 3h25 α 5h45	α 5h45 α 7h40	α 7h40 α 9h20
Leão	**Virgem**	**Balança**	**Escorpião**
α 9h20 α 11h35	α 11h35 α 14h40	α 14h40 α 15h55	α 15h55 α 18h
Sagitário	**Capricórnio**	**Aquário**	**Peixes**
α 18h α 20h	α 20h α 21h45	α 21h45 α 23h20	α 23h20 α 1h45

Assim, para sabermos sob que energia de constelação um planeta se encontra, é preciso saber qual sua ascensão reta no momento cíclico a ser estudado e procurar na tabela acima a área correspondente[5].

É preciso considerar que, do ponto de vista da vida na Terra, o fato de um planeta "estar em determinada constelação" é algo válido para todo o globo terrestre. É uma conjuntura que se espelha na abóbada celeste e se aplica a todas as regiões do planeta em um momento específico; poderá não ser visível em certas localidades, mas imprime-se no céu naquele instante –isso é o que importa para efeito deste estudo.

---

[4] Neste estudo, quando um planeta se encontra na área de transição entre duas constelações, pela intuição deve-se perceber em qual delas posicioná-lo.

[5] A ascensão reta dos planetas é fornecida em tabelas astronômicas específicas, as efemérides, ou por programas de computação.

Dando início aos estudos

I Estudo

Um indivíduo que nesta encarnação encontrava dificuldade em superar alguns aspectos seus, relatou-nos o seguinte:

> "Outro dia estava orando, pedindo sinceramente às Energias Superiores que me libertassem do impulso instintivo à união sexual, mas percebia que teria de existir a consciência da união interna verdadeira para que essa ilusão sensitiva caísse por terra. Via o quanto é difícil mudar esse padrão; no entanto, mesmo assim, abri-me para que elas fizessem algo por mim nesse sentido.
>
> Era a hora do crepúsculo; deitei-me para descansar e, naqueles poucos instantes, tive a nítida impressão de estar sendo erguido a níveis sutis da existência. Vi-me acima do globo terrestre, na posição do Polo Norte, de onde emergia uma luz preciosa, de cor violeta.
>
> Nesse momento, confirmei meus votos interiores, e vivi a gratidão de saber que as Energias Superiores jamais deixam de auxiliar a elevação da nossa consciência."

Observando a conjuntura astrológica do momento em que essa experiência se deu, constatamos que[1]:

---

[1] Data: 12 de agosto de 1993. Horário: 20h30, referente ao meridiano de Greenwich (Longitude: +0°); equivale às 17h30, em Brasília.

12 de agosto de 1993
Sol em Leão (α = 9h30)
Lua em Touro (α = 4h58)
Mercúrio em Câncer (α= 8h26)
Vênus em Gêmeos (α = 6h54)
Marte em Virgem (α = 12h2)
Júpiter em Virgem (α = 12h44)
Saturno em Aquário (α = 22h)
Urano em Sagitário (α = 19h22)
Netuno em Sagitário (α = 19h21)
Plutão em Balança (Libra) (α = 15h35)

Entre Leão (onde o Sol se localizava) e Touro (onde a Lua estava posicionada), estão as constelações de Gêmeos e de Câncer. Trata-se, portanto, de um sistema quaternário, que auxilia sobremaneira a elevação da matéria. Essa capacidade de elevação é ampliada por termos o Sol em Leão, cujo grupo impulsiona os seres na trajetória ascensional.

Além disso, estando Mercúrio, que é catalisador da vida mística, em Câncer, a síntese de passos evolutivos dados é favorecida no sentido de trazer condições de se atingirem novos estados de consciência. Vênus, em Gêmeos, traz um impulso considerável para que a forma e o espírito atinjam graus elevados de unificação na consciência dos

Para todos os exemplos, utilizamos como padrão o tempo universal (UT), que corresponde ao GMT (*Greenwich Mean Time*), porém expresso em horas (0 a 24), sendo GMT o tempo médio referido a um meridiano específico, por convenção o meridiano de Greenwich. Lembramos que pode haver diferença de alguns minutos nas ascensões retas dos planetas, a depender do programa de computação usado para obtê-las, e que as conjunturas formadas pelos planetas e constelações são válidas para todo o globo terrestre no instante em que ocorrem, sendo desprezível, para efeito deste estudo, a diferença decorrente do posicionamento geográfico na superfície da Terra.

seres. No entanto, tudo depende do nível em que estes estejam polarizados. Pode-se, por exemplo, ver o Touro como um animal reprodutor ou como o símbolo da serenidade; pode-se encontrar em Marte a agressividade dos combatentes ou a prontidão dos assistencialistas. O mesmo vale para tudo o mais. Lembremos que estamos inseridos em um universo regido pela lei do Amor-Sabedoria, que tem a atração magnética como instrumento básico. A polarização da consciência gera campos magnéticos que vinculam o ser ao nível em que esta se encontra. Por isso as Hierarquias reafirmam: *Voltai-vos para os mundos ardentes, onde o brilho do fogo dissipa toda a obscuridade.*

Saturno, que representa os seres que assumem a própria evolução, está em Aquário, o que oferece a humildade e a pureza de intenções necessárias para que uma entrega mais plena às energias superiores possa realizar-se.

Sobre a importância do nível vibratório em que a consciência se mantém, há algo relevante nesse exemplo: a Lua em Touro. A mentalidade comum, acostumada a confirmar a situação vigente do ser humano, poderá ver nessa conjuntura um estímulo aos apetites instintivos. No entanto, há uma faceta sublime da energia taurina que lhe confere a possibilidade de dignificar o poder criador que o homem guarda em seu âmago. A experiência narrada, que relata um trabalho de purificação de energias sexuais e instintivas, confirma esse fato.

Estando Netuno em Sagitário, que pertence ao mesmo grupo de Leão e Áries nos sistemas quaternários, as forças emocionais são intensamente trabalhadas com energias de cura e de ascensão. Além disso, Netuno está sob a aura de Urano, o Grande Ancião, o que mantém suas características inferiores sob controle; ademais, os aspectos obscuros de Plutão são dissipados pela vibração da Balança, já que essa constelação irradia equilíbrio e aproxima a consciência ao mundo intuitivo.

Marte e Júpiter estão em Virgem, constelação que nos sistemas quaternários rege o movimento e a circulação da energia, dinamizando a vida anímica. No nível anímico, as polaridades estão harmonizadas, embora não estejam ainda totalmente neutralizadas. A partir do contato estável com a alma, a harmonia começa a permear a consciência do ser e o processo de equilíbrio das polaridades nos corpos mais densos tem início.

Estamos, nesse exemplo, diante de um sistema quaternário, e vimos que nele os grupos triangulares se inter-relacionam com base no número quatro. O simbolismo do triângulo é transcendente, e o quatro expressa a chave para o aperfeiçoamento da matéria. Assim, vemos que, numa conjuntura desse tipo, há grande potencial de auxílio para que na vida externa se manifeste um estado supra-humano.

É interessante notar que a cada instante se delineiam no cosmos condições propícias para passos evolutivos; porém, por não haver abertura aos aspectos superiores da energia, o que se passa na vida da humanidade em geral é uma vertiginosa queda de valores, que se reflete como degradação material e espiritual. Que cada um, pois, saiba reconhecer e usar de modo correto as dádivas que lhe são continuamente oferecidas.

Um ponto ainda a ser ressaltado na experiência narrada é a referência ao Polo Norte. Segundo os ensinamentos esotéricos, ele foi o berço da raça hiperbórea, raça que se manifestava em níveis sutis. Além disso, os polos terrestres têm um sentido oculto muito importante para a evolução da vida material do planeta, o mesmo dando-se com os polos celestes[2]: guardam chaves a respeito do alinhamento da consciência física do planeta[3].

* * *

II Estudo

Um indivíduo que assumiu o importante passo de viver plenamente dedicado ao serviço ao Plano Evolutivo relatou-nos o seguinte sonho:

> "Era como se eu estivesse em casa, mas não me via. Estava ali como observador. Pela janela lateral quadrada via, próximo à casa, um ser com o qual tenho profunda

---

[2] **Polos celestes**: pontos de intercessão do prolongamento do eixo dos polos terrestres com uma esfera cósmica imaginária, que tem a Terra como centro. Atualmente, o polo celeste norte coincide aproximadamente com a posição da Estrela Polar. Já o polo celeste sul não tem uma estrela visível que o indique com segurança, mas sua posição é obtida prolongando-se quatro vezes o comprimento da haste maior da cruz formada pelo Cruzeiro do Sul, e fica nas vizinhanças da constelação do Oitante ou Octans. O ponto no cosmos com o qual esses polos estão alinhados varia segundo o movimento de precessão do eixo da Terra.

[3] O movimento que determina a mudança das eras astrológicas determina também a mudança de posição do polo norte celeste. Há 5 mil anos, esse polo estava direcionado para Thuban, estrela da constelação do Dragão. Hoje ele está na Estrela Polar, que faz parte da constelação da Ursa Menor. A ciência oficial já reconheceu que Vega (Alfa de Lira) será o polo norte celeste nos ciclos futuros da Terra.

É significativo esse alinhamento dos polos terrestres com áreas do cosmos. Vincula o eixo da Terra a circuitos energéticos específicos, que exercem influência sobre ela. Certamente Thuban, que significa dragão (em árabe), traduzia o estado de consciência material do planeta, estado em que o impulso às lutas era muito alimentado. Hoje, a dualidade na qual a vida física da Terra está mergulhada é indicada pelo seu alinhamento com a Estrela Polar. Mas já se sabe que no futuro esse alinhamento estará numa grande fonte de luz no cosmos: Vega, também conhecida como o *Diamante Celeste.*

ligação interna e que tem sido fonte de impulso para o meu caminhar. Ele estava sob um guarda-chuva de cor violeta, de um tom que não existe no plano físico – era mais suave na parte externa e mais forte na parte interna. Esse ser de grande evolução dizia-me algo, mas não era audível. No sonho constatei que suas palavras não tinham som, e que ele me havia transmitido alguma informação. Em seguida, despertei e foi-me mostrada a data, 26/1/94."

26 de janeiro de 1994[4]

Sol em Capricórnio (α = 20h32)

Lua em Gêmeos (α = 7h6)

Mercúrio em Capricórnio (α = 21h32)

Vênus em Capricórnio (α = 20h42)

Marte em Capricórnio (α = 20h2)

Júpiter em Balança (Libra) (α = 14h43)

Saturno em Aquário (α = 22h9)

Urano em Sagitário (α = 19h39)

Netuno em Sagitário (α = 19h32)

Plutão em Balança (Libra) (α = 15h54)

Ao observarmos a configuração do céu nessa data, vemos que o Sol está em Capricórnio e a Lua em Gêmeos. Trata-se, portanto, de um sistema sêxtuplo, e existe a participação de energias que transcendem nitidamente o âmbito pessoal do estudante. É preciso, pois, considerar não só a conjuntura que se apresenta no sistema simétrico, mas também no sistema assimétrico.

No sistema simétrico sêxtuplo, Capricórnio forma um grupo com Câncer, grupo que tem como característica o devotamento ao bem universal. Em Capricórnio, que é uma constelação especialmente

[4] Os dados foram obtidos considerando-se o horário de 0 hora (GMT). Vide nota 1 nas páginas 119 e 120.

ligada ao desenvolvimento da consciência, estão, além do Sol, Mercúrio, Vênus e Marte. Do posicionamento de tais astros pode-se depreender a intensidade do impulso ascensional disponível nessa conjuntura. Ademais, a Lua em Gêmeos (que nesse sistema forma polaridade com Sagitário) significa o acesso a bálsamos de cura e elevação. Em Sagitário, polaridade de Gêmeos, estão Urano e Netuno, ambos planetas que podem facilitar a coligação com esferas imateriais de vida.

É especialíssima a situação apresentada pelos astros nessa data. Em Aquário, que forma polaridade com Leão nos sistemas simétricos sêxtuplos e, juntos, emanam poder de transformação sobre um grande contingente de seres, está Saturno, Kronus, alertando-nos sobre a aproximação de um ciclo no qual o poder proveniente dos níveis profundos terá maior ascendência sobre o que transcorre na vida externa. Grupos de almas e de mônadas poderão ser, então, reconhecidos com a mesma liberdade com que se veem indivíduos reunidos no plano físico, e os fatos que transcorrerão nesse plano serão, finalmente, um reflexo da vontade profunda da essência que alenta a todos. Tais passos, que um dia se consumarão nesta humanidade, são prenunciados em conjunturas como esta em estudo, que aponta também o equilíbrio necessário para que isso se realize devido à presença de Plutão e Júpiter na constelação da Balança.

O que é indicado pelos astros revela a profundidade do estímulo que chegou ao estudante por intermédio do sonho, e outros pontos podem ser descobertos ao acompanharmos a descrição da experiência. O fato de o estudante, estando em casa, ver através de uma janela quadrada a aproximação daquele ser pode significar, que ao mundo material (simbolizado pela casa e pela janela quadrada) chegarão ainda maiores auxílios de consciências elevadas que velam pela evolução dos homens.

No sonho, esse ser estava sob um guarda-chuva de cor violeta, "cujo tom não existe no plano físico: era mais claro na parte externa e mais forte na parte interna". As cores, como energias que vibram em frequências específicas, relacionam-se com os Raios, e o violeta tem especial sintonia com o Sétimo Raio, energia da ordem e da exteriorização da Lei por meio da organização da vida. Desde o final do século passado, o Sétimo Raio iniciou um ciclo de maior penetração na vida material terrestre e nela tem atuado, embora o faça mais intensamente na coordenação invisível do planeta (por isso o tom do violeta era mais forte na parte interna). Essa energia, quando conduzida por consciências elevadas, transmite à matéria um sentido especial de proteção, infundindo-lhe maior resistência às forcas degenerativas.

O ser de grande evolução transmitiu ao estudante, no sonho, palavras que não eram audíveis, e isso indica que a presença das energias superiores no mundo material repercutirá não tanto nos níveis tangíveis, mas naqueles onde as impressões não são captadas pelos sentidos corporais. O Sol e três planetas que têm grande influência sobre a Terra, inclusive devido à proximidade física e etérica, estão posicionados em Capricórnio, constelação que atua como um vórtice potente no encaminhamento dos seres ao contato com estímulos iniciáticos, expansores da consciência.

As Iniciações são realizações ocultas que se passam em planos subjetivos, e podem refletir-se em transformações positivas no ritmo da vida concreta dos que as experienciam. Estão relacionadas com o contato com os grupos internos e com as Hierarquias, e por isso é de grande importância o que se pode depreender do estudo do sistema assimétrico que essa conjuntura apresenta.

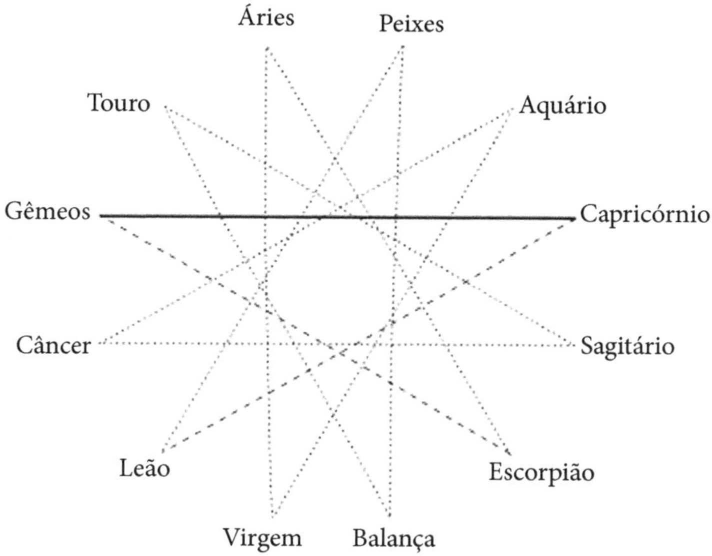

O eixo Capricórnio-Gêmeos (constelações onde estão posicionados o Sol e a Lua, respectivamente) sinaliza, nessa conjuntura, aspectos relevantes do trabalho que seres evoluídos, terrestres e extraterrestres, estão empreendendo na aura deste planeta. Escorpião e Leão são pontos aos quais esse eixo está diretamente ligado (vide desenho na página anterior), e esses quatro vértices guardam informações sobre as pedras angulares de certas operações atualmente realizadas na Terra – podem colocar a consciência do estudante em contato com estímulos de Raios e de grupos internos atuantes neste momento.

Como vimos, Gêmeos é fonte do amor sobrenatural que move os seres ao encontro dos necessitados e dos que estão limitados à estéril existência concreta, a fim de acudi-los e auxiliá-los em sua libertação. Esse movimento de ajuda tem a energia de Escorpião como base oculta. Escorpião é o núcleo, cuja supremacia sobre a forma advém da capacidade de renúncia e de rendição a uma ordem cósmica mais profunda e sábia que a dos melhores parâmetros que se podem colher dos planos materiais.

É tal o grau de desvirtuamento a que chegou a vida terrestre nestes planos, que as transformações necessárias não se realizam sem a participação do Primeiro Raio, energia da Vontade-Poder. Por isso, o sustentáculo interno dos processos iniciáticos desta conjuntura está em Leão, ponto ao qual Capricórnio está também ligado no sistema assimétrico.

É preciso aclarar que, embora estejamos estudando a conjuntura de uma data específica, podemos encontrar nela o que transcende limites momentâneos e dela extrair os sinais mais abrangentes possíveis, sinais que sejam úteis como estímulo evolutivo não só para um indivíduo, mas para grupos e até mesmo para a humanidade inteira. Na prática de um estudo astrológico, quanto mais amplas as percepções a que se chegue, maior a possibilidade de a consciência humana atingir esferas sublimes de vida. Para isso, todos os que se interessam por uma existência de paz e de harmonia deveriam empenhar-se.

* * *

III Estudo

Imaginemos uma casa ornada de maneira aparentemente formosa e acolhedora, porém construída sobre um pântano, fincada em bases deterioradas de cuja substância putrefata retira material para ampliar-se. Assim é a presente civilização da superfície da Terra. Nos setores meramente externos cultua valores efêmeros, e seus fundamentos educacionais, de formação da consciência, tendem em geral à involução. Os seres humanos crescem aprendendo a competir, a lutar pela posse de bens materiais, de dinheiro, de posição social e cultural; o jogo da busca pelo poder tornou-se parte da sua rotina.

Outras poderiam ter sido as opções desta humanidade; todavia, ela se deixou seduzir pelas forças obscuras que estavam impregnadas nos níveis materiais. Essas forças expandiram-se, infiltraram-se na matéria dos corpos humanos, mesclaram-se com ela e, em muitos casos, foram de tal modo absorvidas pelos núcleos[5] que desencadeiam a formação desses corpos[6], que esses núcleos se tornaram inaptos para prosseguir a evolução em estágios mais sutis. Imbuídos dessas forças, os seres humanos realizam ações bárbaras e contrárias à evolução, como as guerras.

Diante de perguntas como: "O que provoca as guerras?" podem-se obter as mais diversas respostas, fundadas em fatores econômicos, sociais, políticos e históricos. Todavia, esses fatores não passam também de consequências de uma única causa: a violência e a agressividade humanas.

É comum, nesta civilização, tratar sintomas e desconsiderar causas. Uma guerra é como um tumor que vem à tona: explode devido ao desvirtuamento da vida psíquica da humanidade ter chegado a graus insuportáveis; todavia, o que normalmente ocorre é que se procura curar apenas o tumor, permitindo que os elementos nocivos continuem a circular na aura do planeta.

As Hierarquias revelam que não se pode ocultar o estado de caos a que a vida da superfície da Terra chegou, mas que

---

[5] Também denominados átomos permanentes.

[6] Sobre os corpos do homem vide O Nascimento da Humanidade Futura e Encontros com a Paz, do mesmo autor, Irdin Editora.

tampouco se devem enfrentar as forças que o nutrem. Todo empenho deve ser colocado na transformação da própria consciência, pois aí está a chave do reequilíbrio. A harmonia a ser atingida não advém de ações individuais, mas necessita da abertura dos indivíduos para concretizar-se.

Conjunturas mais amplas do que opções humanas determinam esse reequilíbrio. Não são leis, estatutos ou imposições externas o que leva ao surgimento de uma nova vida na Terra – tudo isso é artificial, uma encenação fugaz e sem consistência. A nova vida só pode brotar de uma necessidade real, só pode emergir quando, acima de tudo, os seres humanos queiram verdadeiramente agir de outra maneira; se assim não for, jamais o mal e a corrupção serão extintos da face da Terra. Correntes de energias cósmicas movem-se hoje silenciosamente, construindo as mais adequadas circunstâncias para que essa necessidade seja reconhecida.

* * *

Podemos encontrar ensinamentos válidos no estudo astrológico das datas em que "explodiram alguns tumores desta civilização", ou seja, de quando ocorreram as guerras mundiais.

Alguns historiadores dizem que 28 de junho de 1914 foi a data do início da Primeira Guerra, enquanto outros dizem ter sido 1º de agosto desse mesmo ano. No período entre essas duas datas, a tensão nos níveis materiais do planeta esteve especialmente aguda.

Nesses dias, havia a seguinte conjuntura astrológica[7]:

---

[7] Ambos os dados foram obtidos considerando-se o horário de 0 hora (GMT). Vide nota 1 nas páginas 119 e 120.

28 de junho de 1914	1º de agosto de 1914
Sol em Gêmeos (α = 6h23)	Sol em Câncer (α = 8h41)
Lua em Leão (α = 10h3)	Lua em Escorpião (α = 16h2)
Mercúrio em Câncer (α = 7h59)	Mercúrio em Gêmeos (α = 7h24)
Vênus em Câncer (α = 8h49)	Vênus em Leão (α = 11h20)
Marte em Leão (α = 10h14)	Marte em Leão (α = 11h29)
Júpiter em Capricórnio (α = 21h38)	Júpiter em Capricórnio (α = 21h25)
Saturno em Touro (α = 5h32)	Saturno em Gêmeos (α = 5h49)
Urano em Capricórnio (α = 20h54)	Urano em Capricórnio (α = 20h49)
Netuno em Câncer (α = 7h56)	Netuno em Câncer (α = 8h1)
Plutão em Gêmeos (α = 6h9)	Plutão em Gêmeos (α = 6h13)

Na data de 28 de junho de 1914, há um sistema simétrico ternário, que inclui Gêmeos (onde se encontra o Sol), Câncer e Leão (onde se encontra a Lua). Nos sistemas ternários, há uma energia especial de transformação, já que o três (base de interação dos grupos nesse sistema) é intrinsecamente um número de transcendência.

A energia desse sistema impulsiona a descristalização de estruturas arraigadas; é mobilizadora e, dependendo do nível em que seja recebida e das vibrações nela presentes, pode promover grandes movimentos de massa, pois lida com o que está além do controle das forças materiais.

O Sol está em Gêmeos, constelação que, nos sistemas ternários, participa do grupo que expressa o Segundo Raio e atua por meio do fogo solar ou elétrico. O aspecto curativo da conjuntura formada nessa data deveria provir desse grupo, irradiado pelo Sol; no entanto, muito próximo ao Sol está Plutão, planeta cuja energia, ao ser contatada pelas massas humanas desarmonizadas, pode fazer emergir tendências brutais e grotescas.

A violência do ser humano é algo injustificável; basta dizer que na Natureza ele é praticamente o único ser que mata sem necessidade. Mesmo os animais mais bravios normalmente atacam apenas para subsistir ou para defender-se. Só o homem mata por ambição. Refletindo sobre esse fato, podemos ter uma ideia da profundidade dos males que o egoísmo e seus desvirtuamentos trouxeram à humanidade.

É de suma importância os indivíduos estabelecerem sintonia com níveis de vibração e com valores que os ergam além do jogo de forças egoístas. Isso é o que trará condições de as energias internas e evolutivas guiarem a vida concreta na superfície da Terra.

Na data de 28 de junho de 1914, vemos também como o posicionamento da Lua e de Marte em uma constelação que irradia o poder, como Leão, pode evocar respostas violentas naqueles que ainda não sabem lidar corretamente com essa energia. Além disso, a interação de Urano com a energia iniciática própria de Capricórnio tende a estimular grandes mudanças na consciência, o que não se realiza sem reações das estruturas cristalizadas.

Mercúrio, Vênus e Netuno estão em Câncer, constelação que nos sistemas ternários atua a partir dos fogos de atrito e conduz os homens a uma revisão das etapas passadas. Desse modo, uma trama de forças foi tecida, fazendo emergir as tensões que já estavam a ponto de aflorar.

Saturno encontra-se em Touro, que é parte do mesmo grupo em que está a constelação de Leão. A irradiação de cura desse núcleo e do Sol esteve agindo de uma maneira pouco compreensível externamente: favorecia o equilíbrio cármico, dentro dos limites em que tal equilíbrio pode ocorrer. Todos os membros desta humanidade, em maior ou menor grau, engendraram vínculos cármicos que, para serem desfeitos, em geral ativam fogos de atrito. Apesar de todos os incalculáveis males de uma guerra, e ainda que injustificável seja o fato de que um meio tão primitivo tenha de ser usado para isso, uma parte do carma humano negativo dos que a vivem é por ela equilibrado.

* * *

Sempre que um grupo de seres é reunido em torno de ideais, evolutivos ou não, cria-se um concentrado de forças que, pouco a pouco, assume a característica de uma entidade nos níveis sutis. Dependendo da qualidade de vibração desses ideais, tal entidade estimula ações positivas ou negativas nos seres que a ela se vinculam.

Os ideais imperialistas aliados à deturpação do uso da energia do poder, que levaram a um sentimento patriótico vingativo e conquistador, foram cultuados durante décadas, e geraram, no início deste século, entidades cuja influência sobre as massas era capaz de soerguer resquícios subconscientes e alimentar a guerra. A discórdia entre grandes potências foi um campo aberto para a ação das forças engendradas por elas.

Na verdade, a crueldade e a violência manifestadas na guerra mundial já existiam entre os homens. As entidades negativas que elas representam já viviam nos submundos psíquicos do planeta. A eclosão do conflito pode ser vista como o reconhecimento de uma infecção causada por um agente maléfico; por maior sofrimento que traga é preciso eliminá-la. O relacionamento entre as nações tem-se realizado, através dos tempos, sempre com objetivos de exploração. A ausência de abertura a um convívio positivo, de ajuda mútua e sincera, construiu no decorrer dos séculos desavenças, muitas vezes inconscientes, que podem desencadear ações externas se áreas obscuras da consciência humana recebem certos estímulos.

Em 1º de agosto de 1914, data do conflito que marcou o início da 1ª guerra mundial, o Sol estava em Câncer, constelação que intrinsecamente faz aflorar vivências passadas, a fim de sintetizá-las, e Marte estava em Leão, o que significa um grande impulso para contendas.

A conjuntura dessa data exprime um sistema assimétrico quíntuplo, ou seja, de 28 de junho para 1º de agosto de 1914, passamos de um sistema simétrico ternário para um assimétrico quíntuplo. O quinto plano que compõe o universo físico é o plano mental, e sabemos que é nesse nível que o ser humano é mais assediado por forças conflituosas.

As duas formas assumidas por esse sistema devem ser consideradas:

Sistema quíntuplo no qual o Sol e a Lua estão posicionados no grupo representado pelo hexágono

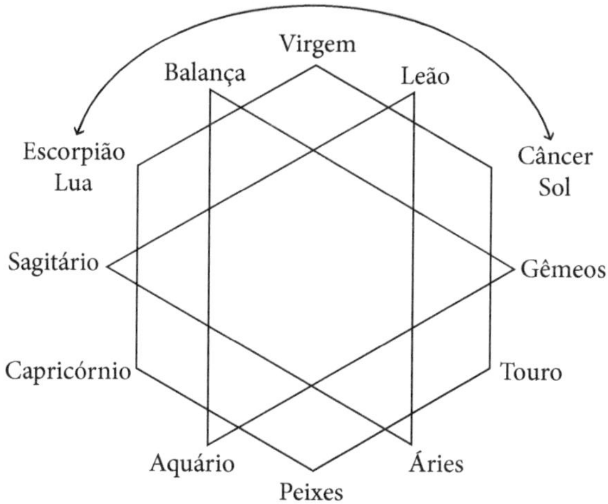

Sistema quíntuplo no qual o Sol e a Lua estão posicionados no grupo representado pelo triângulo descendente

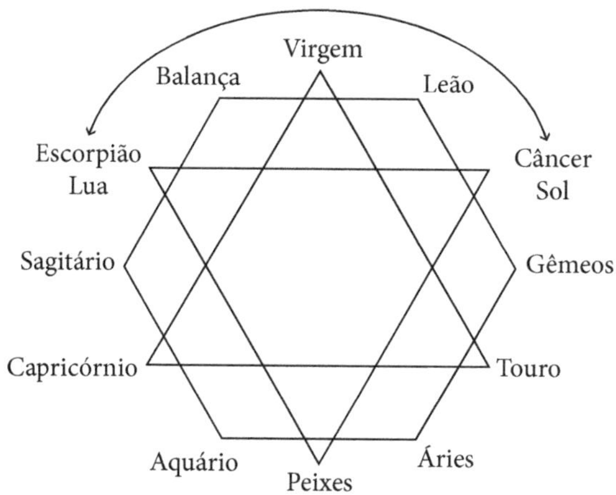

Estudando inicialmente a forma em que o Sol e a Lua recebem a influência do grupo de seis elementos, vemos que no triângulo que aponta para a esquerda, formado por Leão, Áries e Sagitário, encontram-se Vênus e Marte (este vizinho à Lua). A ação desse triângulo de energias sobre uma humanidade pouco evoluída, como é a da superfície da Terra, ressalta os aspectos combativos de Áries e a violência de Leão. A energia de Sagitário está muito diluída no que a humanidade capta desse grupo.

Já no triângulo que aponta para a direita, formado por Balança, Gêmeos e Aquário, encontram-se Mercúrio, Saturno e Plutão. Um aspecto negativo de Mercúrio era cultuado no passado, fazendo com que fosse percebido como o protetor dos ladrões e dos corruptos. Próximo a Plutão, Mercúrio tende a acerar o antagonismo criado por divergências econômicas. A má distribuição da energia monetária por todo o planeta, reflexo do egoísmo humano que se torna evidente desde os menores problemas do dia a dia até a política internacional das grandes potências, é profundamente instigada pela conjuntura formada por Mercúrio e Plutão. Gêmeos estimula a aproximação entre vida material e vida interior, e nesse caso vê-se que para que essa aproximação se efetive é preciso que se transcendam as disputas econômicas. A energia do grupo composto por Gêmeos, Aquário e Balança (grupo que, como vimos, unifica os seres com as energias do mundo espiritual, conduzindo-os à síntese), filtrada por Mercúrio, Saturno e Plutão, é um forte impulso para essa transcendência.

Os dois triângulos representam energias a ser equilibradas, agindo sobre a humanidade, e o alcance desse equilíbrio deveria ser auxiliado pelas constelações que formam o hexágono. Todavia, o Sol e Netuno estando em Câncer, há uma porta aberta para o passado, deixando aflorar os rancores de tempos tão longínquos que a mente não consegue penetrar. Além disso, a influência da Lua em Escorpião é percebida pelos seres pouco purificados como um coro de vozes que repete: "Que prevaleça a forma", impedindo-os de escutarem o Instrutor que diz: "Quem se ajoelha, eleva-se. Conquista-se por meio da total rendição de si. É renunciando que se ganha"[8].

Não se deve deixar de perceber que Urano e Júpiter estão em Capricórnio. Dois núcleos tão potentes como esses numa constelação de energia iniciática produzem efeitos que não são apenas imediatos. A passagem de Urano e Júpiter juntos por essa constelação pode marcar um ciclo de grandes mudanças, uma fase de cura mais intensa do mundo enfermo em que vive esta humanidade.

O estudo da forma assumida pelo sistema quíntuplo na qual o Sol e a Lua recebem a influência do grupo representado pelo triângulo descendente, que neste caso é composto pelas constelações de Escorpião, Câncer e Peixes, revela com maior profundidade as forças presentes na eclosão da guerra. Esse triângulo exprime a tendência da energia para penetrar o mundo material. As energias de Peixes, Escorpião e Câncer somadas podem transformar-se em um estopim para que resquícios de disputas e conflitos antigos venham à tona e dominem as massas. Nesse grupo triangular descendente, também está Netuno que, além de ter outros significados, simboliza o subconsciente do nível emocional planetário[9].

---

[8] Trata-se de uma chave dada pelo Instrutor interno do personagem mitológico Hércules no Trabalho associado à energia de Escorpião – Trabalho que consistia em erguer a Hidra de Lerna. Vide HORA DE CRESCER INTERIORMENTE – *O Mito de Hércules Hoje*, do mesmo autor, publicado pela Irdin Editora e pelo Círculo do Livro.

[9] De certo modo, Vênus simboliza o consciente e o supraconsciente do nível emocional planetário.

O triângulo ascendente, formado por Virgem, Capricórnio e Touro, tem sua energia dinamizada por Júpiter e Urano, que exercem profunda influência sobre a estrutura psíquica e interna dos seres humanos. As mudanças por eles estimuladas efetuam-se gradualmente.

A vibração emitida pelos dois triângulos, o ascendente e o descendente, deveria ser harmonizada pelo grupo de seis constelações que formam o hexágono: Áries, Gêmeos, Leão, Balança, Sagitário e Aquário. Os planetas que potencializam a energia desse grupo são: Vênus e Marte (que estão em Leão), e Mercúrio e Saturno (em Gêmeos). Todavia, o circuito de energias que colhe de Áries o estímulo à capacidade pioneira, de Gêmeos a inspiração ao cultivo da fraternidade, de Leão o impulso do poder determinador, da Balança a emanação de equilíbrio, de Sagitário a irradiação de cura e de Aquário o estímulo à conscientização da transcendência, ao projetar-se na Terra, absorve tanto qualidades positivas quanto negativas dos planetas que participam da conjuntura então atuante. Assim, não só o amor transcendente da vibração de Vênus, mas também o estímulo ao emocionalismo são impregnados às energias dessas constelações; o mesmo se dá com a prontidão e o descontrole impulsionados por Marte, a sagacidade e mesquinhez estimulados por Mercúrio, a sabedoria e a rigidez que emergem do contato com Saturno.

O contingente de energias das duas modalidades, pelas quais o sistema quíntuplo se expressa, atua em muitos níveis de consciência. No entanto, pelo despreparo e por um embrutecimento dos sentidos e da vida em geral, os seres humanos captam quase sempre os aspectos mais grosseiros daquilo que a vida cósmica lhes oferece.

* * *

IV Estudo

Inúmeros fatos externos demonstraram que a Segunda Guerra Mundial foi consequência da Primeira[10], que expressou uma grave crise na qual forças negativas abrigadas na humanidade se exteriorizaram com muita violência, sem, todavia, se resolverem. As causas dessa crise não foram superadas nem desapareceram. Ao contrário, as sequelas deixadas aguçaram a tendência ao conflito no período entre as duas guerras, e essas forças negativas passaram a assediar mais profundamente a humanidade.

Eventos cujas consequências exigem um trabalho de transmutação que o homem comum não é capaz de imaginar deram-se nesse período. Rápido foi o lapso em que se passou da descoberta da radioatividade dos átomos à criação da bomba atômica. Além disso, milhares de indivíduos entregaram-se ao cultivo de ideias sobre as quais visavam erigir um império completamente dominado pelas forças materiais; a partir dessas ideias, surgiram, por exemplo, em certas áreas da Europa, os *lebensborn* – campos de concepção – onde, sem vínculo espiritual algum, anualmente eram geradas de seis mil a sete mil crianças dentro dos padrões de uma assim chamada "pura raça". Atividades como essa produzem rupturas tais na aura sutil de um planeta que não há ação humana, por mais meritória, que as possa remediar.

Uma ardorosa aspiração à paz pulsa nos níveis internos da consciência do homem; no entanto, ele jamais será capaz de dominar seu impulso à luta, enquanto não se dedicar a viver segundo os padrões que desses núcleos

[10] Alice A. Bailey, em seus importantes livros esotéricos, afirma que não houve duas guerras, mas uma só – ainda não concluída.

profundos emanam. É preciso que a energia que neles existe chegue ao mundo material e o transforme, transmutando forças conflituosas.

1º de setembro de 1939
Sol em Leão ($\alpha = 10h37$)
Lua em Peixes ($\alpha = 23h58$)
Mercúrio em Leão ($\alpha = 9h30$)
Vênus em Leão ($\alpha = 10h34$)
Marte em Sagitário ($\alpha = 19h49$)
Júpiter em Peixes ($\alpha = 0h28$)
Saturno em Áries ($\alpha = 1h59$)
Urano em Áries ($\alpha = 3h18$)
Netuno em Leão ($\alpha = 11h34$)
Plutão em Câncer ($\alpha = 8h24$)

Certamente havia uma sincera busca pela paz nos 21 anos que transcorreram entre as duas grandes guerras, mas os compromissos e pactos com situações involutivas impediram a realização dessa meta. Assim, em 1º de setembro de 1939, o sonho pacifista dissipou-se e a guerra tornou-se novamente a realidade concreta. Nessa data, a conjuntura astrológica[11] era a mostrada ao lado.

Neste caso, forma-se um sistema sêxtuplo que, atuando sobre a humanidade ainda despreparada para interagir com impulsos sutis, tem seus aspectos materiais em destaque. Como a humanidade não chega ao patamar de energia no qual vibrações caracterizadas pelo sistema assimétrico passam a atuar, trata-se de um sistema simétrico.

Nele são relevantes as energias do 6 e do 2, e a afinidade entre elas impulsiona a dissolução de nódulos resistentes ou

[11] Os dados foram obtidos considerando-se o horário de 0 hora (GMT). Vide nota 1 nas páginas 119 e 120.

antagônicos. Disso se depreende como a sabedoria do cosmos é suprema, pois traz as melhores circunstâncias possíveis para que os ajustes necessários se realizem. Embora a guerra fosse inevitável, pois carmicamente a humanidade a havia atraído, certos ajustes poderiam ocorrer por meio dela, liberando alguns grupos para ingressarem em novas etapas.

No início da Segunda Guerra, portanto, a Terra estava permeada por um estímulo para dissolver as sequelas de muitos descaminhos; no entanto, vários planetas energeticamente potentes encontravam-se em Leão, e a humanidade não estava preparada para lidar evolutivamente com as emanações dessa constelação. O Sol, Mercúrio, Vênus e Netuno irradiavam o poder que advém dessa área do cosmos. Leão, nos sistemas simétricos sêxtuplos, está diretamente ligado a Aquário, constelação que tem grande influência sobre massas, sobre grupos, que age principalmente em nível coletivo.

Dois grandes focos com poderosa ascendência sobre a vida terrestre encontravam-se em Áries: Saturno e Urano. Áries muitas vezes tem a função de custodiar as chaves de um novo ciclo, e essa possibilidade estava aberta naquele período. Maiores ainda eram as perspectivas de isso ocorrer, por Marte estar em Sagitário. Um ciclo de profundas transformações no aspecto agressivo dos seres humanos poderia ter início.

De certo modo, os reflexos de toda essa conjuntura não surgiram de imediato. Os acontecimentos externos nos cinco anos de combate foram ecos da violência da Primeira Guerra. No início da Segunda, o que o cosmos transmitia era um tremendo impulso para um reequilíbrio. A presença de Júpiter, bem próximo à Lua, na constelação de Peixes, era um sinal de que as consciências incorpóreas que regem os universos atuariam sobre a vida das formas e também de que nela tornariam a sua condução perceptível. No entanto, embora nesse sistema Câncer estivesse ligado a Capricórnio, propiciando a assunção de rumos inusitados, tinha em si Plutão, como uma sombra, indicando que as forças instintivas e o passado do homem ainda estavam unidos.

* * *

Durante o ciclo que se encerrou em 8.8.88, a Hierarquia espiritual do planeta esteve sediada na misteriosa Shamballa, no Oriente. Civilizações despontaram, atingiram seu auge e feneceram, enquanto essa luz prosseguia fulgurando. A vida interna da Terra encaminhava-se para esferas de consciência mais elevadas, mas a humanidade de superfície, em sua maioria, continuava arredia aos impulsos espirituais. Os principais continentes habitados por essa civilização tornaram-se palco de atrocidades. O que foi levado a cabo pelos povos dessas regiões ficou impregnado nas partículas materiais do solo, como *espectros maléficos*. Para que essas áreas da superfície da Terra possam resgatar um estado magnético límpido e cristalino, deverão passar por convulsões naturais, expulsando de si essas forças involutivas.

Pouco conhecidos são os fatores reais que desencadeiam grandes reações telúricas, como a erupção de vulcões, os terremotos, os maremotos, os furacões. Esse desconhecimento é fruto de os homens não estarem atentos ao que geram nos planos sutis. A essência da substância material, que constitui os seres elementais, é extremamente sensível a emanações psíquicas. Influências negativas sobre a vida elemental do planeta não são levadas em conta pelo homem comum, mas suas consequências não deixam de ser devastadoras.

Em 8.8.88, consumou-se o traslado da Hierarquia e das consciências condutoras da evolução terrestre de Shamballa para o Cone Sul, dando início ao ciclo em que Miz Tli Tlan tem o papel de centro regente do planeta. Entre outros fatores, o carma dessa área do planeta, o Cone Sul, permitia que nela ancorassem vórtices espirituais de tal magnitude e se tentasse uma aproximação entre a humanidade de superfície e a Hierarquia.

Neste final de século, grandes auxílios estão disponíveis ao homem, e o contato com os Espelhos dos centros planetários[12] ora ativos é um forte sustentáculo para os que verdadeiramente aspiram a que uma nova realidade se manifeste na superfície da Terra.

---

[12] Sobre o posicionamento desses centros, vide Niskalkat – *Uma mensagem para os tempos de emergência*, do mesmo autor, Irdin Editora.

Tempos que se aproximam

Os próximos tempos trazem conjunturas astrológicas cujo estudo pode ser revelador. Veremos a seguir algumas delas, sem, entretanto, pretender entrar no campo das profecias; apenas apresentaremos algumas nuanças, deixando abertura para que, do próprio mundo intuitivo do leitor, surjam outros sinais.

V Estudo

Uma das datas mais próximas em que os planetas deste sistema solar estarão posicionados de maneira especial é 19 de novembro de 1995.

Forma-se nesse dia[1] um sistema simétrico binário, com o Sol na constelação da Balança[2] e a Lua em Virgem. Os sistemas binários caracterizam-se pela interação polar, dual, equilibrada pela disposição dos grupos em arranjos hexagonais, arranjos que exprimem neutralidade e androginia.

---

[1] Os dados apresentados na página seguinte foram obtidos considerando-se o horário de 0 hora (GMT). Vide nota 1 nas páginas 119 e 120.

[2] É importante notar que, segundo a Astrologia convencional, neste período o Sol estaria sob a influência de Escorpião; todavia, estamos considerando a faixa de irradiação desses núcleos segundo os parâmetros apresentados nas páginas 119 e 120 deste livro, e esse dado coincide com a posição astronômica do Sol.

19 de novembro de 1995
Sol em Balança (α = 15h35)
Lua em Virgem (α = 12h27)
Mercúrio em Balança (α = 15h25)
Vênus em Escorpião (α = 17h13)
Marte em Escorpião (α = 17h21)
Júpiter em Escorpião (α = 17h15)
Saturno em Aquário (α = 23h19)
Urano em Sagitário (α = 19h57)
Netuno em Sagitário (α = 19h40)
Plutão em Escorpião (α = 16h2)

Vários seres que canalizaram para a superfície da Terra impulsos supra-humanos disseram que na base das colunas que sustentam o poderio do mal nesta humanidade estão as forças sexuais. Uma das Iniciações dos Mistérios da Grécia Antiga revelava a natureza da alma e sua queda por ceder ao fascínio do sexo. Os efeitos dessa queda não foram ainda transcendidos porque os seres humanos permanecem enfocando mais a dualidade do que a unidade; enquanto buscam prazer nas sensações, colocam um véu sobre o que os poderia conduzir a estados elevados e de maior clareza sobre alguns aspectos das forças que permitem o surgimento da vida nos universos.

Na conjuntura ao lado, há muitas chaves sobre essa dualidade. Nela, o Sol está no grupo que representa o polo positivo, o de exteriorização da energia num sistema binário; junto a ele está Mercúrio, que irradia grande poder místico; ambos se encontram na constelação da Balança. Há, portanto, potencial disponível para nos planos externos se chegar à harmonia. Se essas energias estivessem atuando sobre um planeta de elevada vibração, elas desencadeariam certamente manifestações de grande sublimidade e equilíbrio. Sobre a humanidade terrestre, no entanto, seus efeitos podem ser até mesmo opostos. O aspecto positivo exteriorizador presente no grupo em que o Sol está posicionado pode aumentar a tendência à dualidade, devido inclusive ao grande número de astros que estão agrupados em Escorpião, constelação que tem especial ascendência sobre a vida formal.

A circulação da energia monetária recebe grande influência de Mercúrio. Em O Novo Começo do Mundo[3], onde se procura apresentar o dinheiro como expressão de energias, é dito: "... a superfície da Terra caminha para uma reformulação de todos os seus valores, uma reformulação da sua forma física e até das leis que regem a sua vida. Será oportuno preparar-nos para nos desapegar do que é conhecido e óbvio em todos os setores desta civilização que fenece, para entrarmos em novos padrões e, portanto, em outros planos de consciência".

Na conjuntura em estudo, em Escorpião estão posicionados Vênus, Marte, Júpiter e Plutão. Do ponto de vista superior, esse agrupamento seria uma porta para o contato com mundos intemporais; porém, para esta humanidade pode ser um concentrado de forças onde as paixões, o instinto à luta, as forças de dominação e as tendências instintivas podem influenciar grande contingente de seres humanos.

A Lua simboliza a forma e está em Virgem, que é uma constelação do mesmo grupo que Escorpião, grupo que nos sistemas binários atua como polo negativo, receptivo. A receptividade é uma característica que por si só pode levar a consciência a ações evolutivas ou involutivas, dependendo dos impulsos a que ela se mantém aberta. Tendo em conta os interesses normalmente cultuados por esta humanidade,

---

[3] Do mesmo autor, Irdin Editora.

poderíamos antever que será acentuada a tendência materialista do homem, mas previsões com base na lógica não levam em consideração o fato de que as leis evolutivas são capazes de transformar o curso da história. E são essas possibilidades de mudanças, que a razão não pode abarcar, que realmente promovem o desenvolvimento de um planeta.

Aquilo que é previsível obedece a leis naturais, cujo poder se restringe ao âmbito material; no entanto, no universo existem leis supranaturais e, embora a humanidade as desconheça, os fatos que na vida concreta representam mudanças de grande magnitude são, em sua maioria, reflexos da ação dessas leis superiores. Não nos esqueçamos de que, na conjuntura energética em estudo, Saturno – o Senhor dos Ciclos – está em Aquário, o regente dos movimentos coletivos; e Urano e Netuno, em Sagitário.

O ser humano desperto para as realidades sutis e consciente da atual situação planetária deveria estar pronto para a qualquer momento reiniciar a vida de uma maneira totalmente diferente. É essa abertura ao inesperado que criará nele as condições mais propícias para a superação do velho homem e para o despertar da consciência cósmica, o que é auxiliado pela implantação do novo código genético. Não são capacidades humanas o que irá modificar a condição do planeta, mas a receptividade de cada um ao desconhecido e a polarização superior da consciência – fatores também fundamentais para a proteção da chispa interior do ser.

A mudança de código genético está sendo realizada tendo como meta predispor a consciência humana a uma maior lucidez e clareza, bem como ao contato com impulsos transmitidos pelos Espelhos dos centros intraterrenos e de outros pontos do cosmos; portanto, não visa apenas à transformação energética de indivíduos isolados, nem tampouco promover em todos uma reestruturação física. Quando o mundo interno estiver pronto, o externo será elevado e harmonizado sem lutas. Essa mudança se refletirá na matéria do planeta. Sem esse trabalho, a incompatibilidade energética entre o núcleo interno dos seres e a vida concreta jamais seria superada.

* * *

VI Estudo

A Terra encaminha-se para a sua Quarta Iniciação, em que de uma perspectiva esotérica se diz ocorrer a crucificação; nela, finda-se a ânsia de experiência nos níveis materiais e rompe-se o véu que separa a vida externa das realidades espirituais. Em O MISTÉRIO DA CRUZ NA ATUAL TRANSIÇÃO PLANETÁRIA[4], encontramos as seguintes palavras: "... essa crucificação, que teve início há dois mil anos, prossegue até os dias de hoje, por ter sido a abertura de um processo não consumado; este, porém, aproxima-se de um desfecho, a partir do qual a Terra viverá uma etapa mais luminosa".

Se virmos o céu aos 18 de agosto de 1999[5], nele encontraremos uma conjuntura singular. Nessa data os astros visíveis neste sistema solar estarão formando uma cruz. Quererão com isso dizer-nos algo?

Enfocaremos este estudo com base nas perspectivas da Quarta Iniciação, o que não significa, entretanto, que

[4] Do mesmo autor, Irdin Editora.

[5] Os dados foram obtidos considerando-se o horário de 22h (GMT). Vide nota 1, nas páginas 119 e 120.

18 de agosto de 1999
Sol em Leão (α = 9h51)
Lua em Balança (α = 15h28)
Mercúrio em Câncer (α = 8h40)
Vênus em Leão (α = 9h49)
Marte em Balança (α = 15h12)
Júpiter em Áries (α = 2h12)
Saturno em Áries (α = 3h1)
Urano em Capricórnio (α = 21h8)
Netuno em Capricórnio (α = 20h18)
Plutão em Escorpião (α = 16h30)

nessa data[6] tal passo iniciático esteja necessariamente sendo consumado pela consciência terrestre.

A conjuntura astrológica nesse dia é formada por um sistema ternário, que indica a sintonia com níveis de vida onde a unidade se mantém velada pela trindade. Nele as energias distribuídas em grupos de 4 elementos inter-relacionam-se com base na triplicidade-unidade.

Neste estudo, um dos grupos atua em níveis internos – sua energia encontra-se recolhida – pois nenhum dos planetas está posicionado nas constelações que o constituem. Esse grupo, formado por Gêmeos, Virgem, Sagitário e Peixes, é qualificado pelo Segundo Raio e lida com o fogo elétrico. Tanto o Segundo Raio quanto o fogo elétrico participam de maneira especial, e internamente, da Quarta Iniciação.

No grupo vinculado ao Primeiro Raio, formado por Aquário, Touro, Leão e Escorpião, estão o Sol e Vênus em Leão, e Plutão, em Escorpião. O fogo cósmico vivifica esse

[6] Está sendo levado em conta, nestes estudos, apenas o tempo do calendário terrestre oficial, e não o do calendário solar, nem o do cósmico.

grupo, e é, na Quarta Iniciação, que, pela primeira vez, toca diretamente os centros energéticos do Iniciando. As Iniciações vigentes na atual transição planetária são agrupadas em três etapas[7]. A Quarta Iniciação faz parte da segunda, que implica o domínio das leis dos subníveis mais densos do éter cósmico; tem como expressão a sabedoria; o astro regente exotérico é Vênus e o esotérico, o Sol. Sirius e as Plêiades são os núcleos extrassistêmicos que auxiliam essa segunda etapa.

O grupo composto por Áries, Câncer, Balança e Capricórnio atua como fonte emissora das diretrizes do Plano Evolutivo para o mundo da forma. Está relacionado ao Terceiro Raio e ao fogo fricativo. Nos sistemas ternários, a vibração desse grupo pode conferir à matéria qualidades sutis e transcendentes. A Lua e Marte estão na Balança; Mercúrio está em Câncer; Saturno e Júpiter em Áries; Urano e Netuno, em Capricórnio. Assim, esses importantes núcleos do sistema solar estão sob a ascendência da harmoniosa unicidade da Balança; do guardião dos portais, Áries; e do Grande Iniciador, Capricórnio.

A seguir transcrevemos outro trecho esclarecedor de O Mistério da Cruz na Atual Transição Planetária:

> "A Terra está alcançando sua Quarta Iniciação, o que, também em âmbito planetário, se caracteriza pela renúncia e pela crucificação. Por isso, o símbolo da cruz é tão atual para esta época, independentemente de suas conotações religiosas deterioradas por interpretações errôneas. Quando a consciência humana rompe os véus de ilusão que a separam do Real, onde antes havia estagnação, ela vislumbra a eternidade. Assim,

---

[7] Vide Segredos Desvelados – *Iberah e Anu Tea*, do mesmo autor, Irdin Editora.

a haste horizontal da cruz fixa[8], que a princípio pode ser compreendida como símbolo da inércia material, revela-se como imutabilidade da vida eterna – o grau de compreensão depende do nível de consciência no qual o ser está polarizado.

Com o despertar do nível monádico, que se torna acessível a um maior contingente de seres, a cruz cardinal[9] está sendo substituída por um símbolo que traz a energia do nível divino. Essa energia é uma chave que abre as portas dos mundos imateriais, e o símbolo que a espelha tem sintonia com um aspecto mais interno e esotérico de Miz Tli Tlan[10].

A substância dos diversos níveis de consciência, já sob nova estruturação[11], qual um manto pronto para acolher uma vida que principia, trará em si a maleabilidade que a contínua fluência de energias sutis requer. Bem mais ampla e consolidada estará a interação da Terra com o universo no qual está inserida. As energias intraterrenas e extraplanetárias presentes em cada grupo interno serão mais facilmente reconhecidas.

---

[8] A cruz fixa é o símbolo do período evolutivo em que o ser passa pelas três primeiras Iniciações. Está relacionada ao sacrifício e à doação do ser para que toda a existência se torne sagrada.

[9] A cruz cardinal é o símbolo dos seres que transcenderam em graus elevados o envolvimento com a ilusão material. Nesses seres a polarização vertical está consumada e eles podem agir em profunda sintonia com o propósito evolutivo.

[10] Vide Miz Tli Tlan – *Um Mundo que Desperta*, do mesmo autor, Irdin Editora.

[11] Os níveis de consciência nos quais a vida planetária se expressa estão passando por uma reordenação, o que se reflete diretamente na constituição dos corpos do homem. Vide Segredos Desvelados – *Iberah e Anu Tea*, do mesmo autor, Irdin Editora.

A época atual, época de transição, é o arauto de um novo tempo. As cruzes que até agora simbolizaram os diversos núcleos de consciência planetários se revelarão sob outras vestes no ciclo vindouro, pois as mudanças de energia requerem atualização das formas que as representam. Cabe ao buscador da verdade, no silêncio do ser, abrir-se à irradiação desse novo tempo; se sua tarefa assim o determinar, encontrará dentro de si as imagens simbólicas correspondentes a essa irradiação.

A consciência humana hoje não é a mesma do século passado, tampouco a de milênios atrás. O avanço que se conseguiu em muitos aspectos da vida planetária testemunha a absorção de impulsos internos pela humanidade, impulsos que determinam o aparecimento de novos símbolos capazes de expressar o nível de consciência adquirido pelos seres receptivos à luz. Devido à heterogeneidade ainda presente na Terra, só no ciclo futuro esses novos símbolos poderão ser captados com clareza pelo homem; porém, a ele é possível, desde já, contatar as benéficas irradiações dessas energias sublimes."

* * *

VII Estudo

Para que o ser humano evolua além de certo ponto, ele precisa descobrir e penetrar a vida impessoal e cósmica. Mergulhado nessa imensidão, será atraído para a síntese, e a unidade de toda a existência começará a desabrochar em seu interior. A síntese é uma necessidade fundamental tanto na ascensão do homem como na trajetória evolutiva de grandes universos.

4 de maio de 2000
Sol em Áries (α = 2h45)
Lua em Áries (α = 2h45)
Mercúrio em Áries (α = 2h23)
Vênus em Áries (α = 2h7)
Marte em Touro (α = 3h51)
Júpiter em Áries (α = 2h58)
Saturno em Áries (α = 3h10)
Urano em Capricórnio (α = 21h33)
Netuno em Capricórnio (α = 20h35)
Plutão em Escorpião (α = 16h48)

No decorrer do processo de ampliação da consciência, seja de um ser ou de núcleos supra-humanos, como os planetas, a diversidade vai sendo reunida em torno de vórtices unificados, que exprimem em maior grau as energias básicas que sustêm a vida. O equilíbrio entre a expansão e o recolhimento dá-se de maneira sublime. Enquanto nos níveis externos o recolhimento apresenta-se como um movimento de retração, nos níveis internos ele é pura expansão. A exemplo disso, podemos observar que, quando um ser evita ações desnecessárias e assume maior controle sobre as próprias forças, ele tem maior oportunidade de canalizar o seu potencial para fins evolutivos. Superada a dispersão, amplia-se a clareza sobre a meta a ser atingida.

Os sistemas assimétricos unitários têm essa qualidade de síntese, tão necessária à Terra, e, aos 4 de maio do ano 2000[12] deve formar-se no céu uma conjuntura que reúne não só o Sol e a Lua numa mesma constelação, mas grande parte dos planetas deste sistema solar.

[12] Os dados foram obtidos considerando-se o horário de 1h10 (GMT). Vide nota 1, nas páginas 119 e 120.

Assim, estarão reunidos em Áries: Sol, Lua, Mercúrio, Vênus, Júpiter e Saturno. Áries, como já vimos, impulsiona o advento de novas etapas, a capacidade de iniciar novos ciclos e de atrair novas energias. Profundamente transformador é o poder do ímã cósmico que essa conjuntura revela: vórtices de energias potentíssimos agrupados sob a luz d'*Aquele que custodia a abertura de novos portais*. Ao mesmo tempo, a vibração ampliadora de Capricórnio chega à Terra transmitida por Urano e Netuno. É bom notar que, em vários momentos cruciais para a vida terrestre, Urano posiciona-se em Capricórnio.

Que mudanças poderão advir do encontro do Irradiador da luz e da vida, da Guardiã dos segredos da forma, do Impulsionador das ciências e da vida mística, do Centro que vela pela transcendência, do Foco verticalizador do poder, e do Senhor dos tempos, sob uma emanação de pioneirismo?

Os sistemas unitários permitem, de maneira especial, a percepção da meta evolutiva e a adesão a ela. A preparação que vem sendo dada a toda a Terra, e que pode receber grande impulso na conjuntura vista no estudo anterior (data de 18 de agosto de 1999), deverá ter um avanço excepcional com o agrupamento desses planetas em Áries. Como Áries representa o início de um novo ciclo, essa deverá ser mais uma oportunidade dada à humanidade e ao planeta de entrar num ponto superior da espiral evolutiva.

Outros Esclarecimentos

No livro Segredos Desvelados[1], é dito que a Astrologia babilônica considerava as Plêiades[2] uma constelação zodiacal. Poderia comentar algo sobre isso?

As Plêiades manifestam-se externamente como um aglomerado de estrelas da constelação de Touro. Tão potente é sua irradiação que, quando esse ponto da esfera celeste está visível, um ser sensível às emanações sutis de fontes cósmicas é logo atraído por ele.

A ordenação astrológica que nos está sendo revelada obedece a uma lei hierárquica, reflete os padrões que são a base da estruturação da vida cósmica, e as Plêiades constituem um vórtice que exprime vibrações mais profundas do que as do âmbito do círculo zodiacal em si. Juntamente com a constelação da Ursa Maior, realiza tarefas das mais misteriosas e importantes para a unificação dos múltiplos universos que coexistem no cosmos. Vários aspectos da

---

1 Do mesmo autor, Irdin Editora.

2 As Plêiades são um aglomerado estelar visível a olho nu; não se trata portanto de uma constelação. Constitui-se de mais de 400 estrelas das quais as sete mais brilhantes receberam o nome das filhas de Atlas e Pleione, da Mitologia grega; são elas: *Alcyone, Asterope, Celaeno, Electra, Maia, Merope* e *Taygeta*.

dinamização e da transmissão dos Raios são possíveis devido ao trabalho desses dois núcleos que, aliados a outros, influem poderosamente na vida terrestre.

Por que os sistemas de constelações foram classificados como simétricos e assimétricos?

Essa classificação deve-se a aspectos internos dos movimentos da energia quando temos o Sol e a Lua separados por certo número de constelações. Podemos dizer que, nos sistemas simétricos, a energia tende ao equilíbrio por meio de relações de semelhança; já nos sistemas assimétricos, o equilíbrio advém de uma harmonia que subjaz no âmago de relações desiguais. A humanidade não está totalmente preparada para compreender os sistemas assimétricos, porém esse preparo está sendo realizado, e o fato de tais sistemas terem sido revelados o atesta.

Os sistemas simétricos são sempre constituídos de grupos com iguais quantidades de elementos, e esses grupos interagem com base em um número que pode ser 2, 3, 4 ou 6 – número que é determinado pela posição do Sol e da Lua no círculo zodiacal. A lei algébrica da multiplicação une todos os sistemas simétricos ao 12, que guarda facetas do ciclo que este sistema solar está vivendo.

- sistemas simétricos binários: 2 x 6 = 12
- sistemas simétricos ternários: 3 x 4 = 1 2
- sistemas simétricos quaternários: 4 x 3 = 12
- sistemas simétricos sêxtuplos: 6 x 2 = 12

Como vimos, o número 12 inclui em si a energia de dois planos cósmicos vitalizados no decorrer da evolução deste ciclo do sistema solar. Esses planos são o físico cósmico, que contém 7 subníveis, e o astral cósmico, que contém 5 subníveis (7 + 5 = 12). Nesse caso, o 12 surge da soma de dois termos, pois as energias dos planos físico e astral cósmicos devem trabalhar em sintonia, mas não fundidas; unem-se suas vibrações, mas sem que se modifiquem, ou seja, essa soma resulta em 12 níveis diferenciados.

Já as interações algébricas multiplicativas equivalem a uma transformação do multiplicando, com base no multiplicador. Assim, por exemplo, numa interação 3 x 4 podemos ver os três Raios básicos do cosmos transformando a ação da energia no plano material, a fim de equilibrá-la. 0 12 é encontrado nessa interação como três níveis distintos de expressão do 4.

Vê-se pois que cada lei algébrica guarda em si imenso potencial simbólico. Na Grécia Antiga, as leis de manifestação da vida foram traduzidas em expressões algébricas, que chegavam à mente dos que foram canais para transmiti-las de uma maneira diferente da usada hoje pela humanidade em geral. O método de os gregos antigos compreenderem a álgebra pode servir para que se perceba melhor a natureza de algumas relações numéricas.

A soma de duas grandezas era vista como o resultado da interação de retas de comprimento correspondente a essas grandezas, e o resultado encontrado era sempre uma grandeza linear. Por outro lado, a multiplicação gerava uma área, como mostra o exemplo na página seguinte.

Essa visão "espacial" das relações de grandezas numéricas permitia um contato com fatos internos do cosmos que hoje a grande maioria dos homens ignora.

Sendo:

$$\frac{a}{\quad} \qquad \frac{b}{\quad}$$

temos:

		a
$\frac{a + b}{\quad}$	b	a x b

Temos de lembrar que a função básica implícita na revelação de certos conhecimentos é ativar faculdades superiores da consciência humana, criando possibilidades de passos mais avançados serem dados. Essa chave tão simples foi perdida pelas instituições educacionais. Assim, a ciência deixou de ser um instrumento para evolução da consciência humana e tornou-se uma prática estéril, que visa aumentar o conforto ou aperfeiçoar os métodos extrativistas desta civilização, métodos que provocaram o caos que agora se vê estampado em todos os rincões da Terra. Não se pode separar do desenvolvimento da ciência o impulso à evolução, a depuração do caráter e a purificação do ser. Dissociado desses fatores, o trabalho científico perde de vista a meta construtiva e torna-se escravo das mais vis e obscuras intenções.

Como vimos, nos sistemas simétricos o número 12 é obtido pela multiplicação. Já nos assimétricos esse tipo de inter-relação não se aplica. Nos sistemas assimétricos unitários, o 12 exprime-se por si e, nos quíntuplos, é obtido pela soma:

$12 = 3 + 3 + 6$

ou por uma relação mais oculta, que é descrita por:

$12 = (2 \times 3) + (1 \times 6)$.

A soma 3 + 3 + 6 corresponde a um nível de percepção material dos sistemas assimétricos quíntuplos, ao passo que a relação (2 x 3) + (1 x 6) corresponde a um nível mais sutil, que deve ser contatado e reconhecido.

Por tudo isso, vê-se que os sistemas simétricos e assimétricos são regidos por leis distintas.

Em termos práticos, que significa uma conjuntura manifestar-se por meio de um sistema simétrico ou de um assimétrico? Que provoca isso como influência energética?

Nos sistemas simétricos, há uma homogeneidade de potencial vibratório em todo o zodíaco, embora com grupos de diferentes qualidades energéticas. Já nos sistemas assimétricos a distribuição da energia segue padrões distintos ao longo do círculo zodiacal. No sistema unitário, por exemplo, a energia do zodíaco concentra-se em um vértice, ou seja, na constelação em que o Sol e a Lua se encontram; nos sistemas quíntuplos, duas forças polares são representadas por triângulos e impulsionadas ao equilíbrio pela energia de um hexágono.

Os sistemas de constelações sinalizam qual a meta básica de determinada conjuntura. A cada 28 dias, a Lua perfaz uma órbita completa em torno da Terra; no decurso desse período ocorrem conjunturas em que se exprimem todos os sistemas de constelações, sendo que alguns o fazem mais de uma vez.

Para compreender a atuação das diversas energias em uma conjuntura astrológica, é preciso que o indivíduo esteja aberto às percepções internas, pois somente assim se reúnem elementos diferentes de uma maneira intuitiva, não analítica, e obtêm-se indicações seguras sobre que componentes terão naquele momento maior influência.

Essa capacidade de percepção é um atributo dos núcleos de consciência supramentais, e a luz desses núcleos é intensificada quando eles estão em sintonia com os Espelhos planetários e extraplanetários.

Que participação têm os Espelhos[3] dos diversos vórtices cósmicos nas conjunturas astrológicas?

Os Espelhos estão presentes em toda a manifestação da vida. Tudo o que inclui movimento da energia - movimento que pode ser de expansão ou de introspecção - conta com a participação deles, que interligam os universos e seus vários níveis de existência.

A vibração de cada planeta, de cada estrela, de cada galáxia e de cada constelação é emitida pelos Espelhos neles presentes. O contato autêntico do homem com a corrente energética de um desses núcleos cósmicos é possibilitado por esses Espelhos, que operam nas frequências vibratórias em que o contato se dá. Mas há Espelhos que trabalham em níveis tão elevados que a consciência humana não os consegue atingir. São instrumentos para a interação das entidades regentes de mundos e universos, e de suas Hierarquias.

A Astrologia, para cumprir seu papel na evolução humana, não pode distanciar-se da perspectiva de contato com os Espelhos cósmicos. Isso não significa, porém, que aqueles que a usam como instrumento devam ser necessariamente seres-Espelho. No entanto, enfatizamos, é preciso que estejam abertos ao contato com essa rede de comunicação cósmica. Isso é realmente fundamental, pois tal sintonia é o que propicia a criação de pontes entre a humanidade de superfície da Terra e as de outros mundos.

---

[3] Sobre Espelhos, vide nota na página102.

Vista sob essa perspectiva, a Astrologia deveria ser usada de modo diferente do que vem sendo?

Não se poderia esperar que os seres humanos, ainda tão identificados com a matéria e com a ínfima porção da consciência que é o ego, usassem a Astrologia para fins evolutivos e impessoais, mas esse uso superior é verdadeiramente necessário, e a partir da época atual se fará cada vez mais premente.

É contrário ao impulso ascensional de hoje utilizar instrumentos como a Astrologia – transmitidos ao homem para que perceba realidades maiores – restringindo-os aos níveis humanos. No entanto, os que lidam com essa ciência estão quase sempre polarizados no plano astral (ou emocional), onde forças ilusórias imperam; raros são os casos em que ela é praticada no plano mental. Esse nível de trabalho, no plano astral, é comparável ao da época da Atlântida, e sua perpetuação atrai para a vida planetária forças subconscientes que deveriam ser deixadas em paz para serem transmutadas pelas Hierarquias de cura e pelas energias espirituais da própria humanidade.

Muitas das degenerações de comportamento que ora se veem no planeta são fruto de práticas retrógradas que os homens insistem em perpetuar. Nesse sentido, as Hierarquias assim se pronunciam:

> *Viveis em um universo entretecido e sustentado pela lei da sintonia, pela ressonância entre vibrações. É necessário colocar a própria energia vibrando em frequências afins com o propósito evolutivo.*

Dentro da lei evolutiva, a Astrologia pode até ser usada para o estudo de situações individuais; porém, deve levar em consideração os vários núcleos de consciência do ser e seus

Raios, além de revelar os melhores caminhos para que esses Raios se harmonizem, se integrem e trabalhem unificadamente com o propósito espiritual da existência.

Em síntese, a banalização dessa ciência não decorre de ela ser empregada para auxiliar a transformação individual, mas de como esse estudo é feito, do nível em que está polarizado.

Existe alguma relação entre a Astrologia e as antigas Iniciações caldeias, egípcias e gregas?

A Astrologia era umas das ciências sagradas dos tempos antigos. Na escola pitagórica era *Urânia*, uma das nove musas[4] guardiãs dos segredos da vida. Estava presente nas revelações que os Iniciandos egípcios recebiam sob a inspiração de Osíris.

As escolas iniciáticas têm como um dos seus propósitos revelar à consciência sua origem imortal e elevá-la de modo que possa assumir e exprimir esse estado superior. Alguns caminhos existem para que essa realização se consume, e há vários instrumentos de auxílio para isso.

Quando a consciência, ainda que por breve instante, se ergue e traspassa os limites do egotismo, percebe a harmonia de esferas superiores. Vislumbra universos impalpáveis, pressente ou intui que uma porção interna de si mesma faz

[4] As musas, filhas de Mnemosine, deusa conhecida como a fonte da memória universal, eram reverenciadas pelos gregos como guardiãs do conhecimento sagrado. Elas são símbolos dos portais do Akasha, o arquivo cósmico. Segundo esse mito, seriam nove os portais. Sendo igualmente nove os *Logoi* maiores vinculados ao plano mental cósmico – plano que também recebe a denominação de *nível de conceituação* –, pode-se perceber uma relação interna entre esses dois fatos. Para informações sobre os *Logoi* vinculados aos planos cósmicos, vide SEGREDOS DESVELADOS – *Iberah e Anu Tea*, do mesmo autor, Irdin Editora.

parte deles. Inicia-se, então, de maneira consciente, a peregrinação interna do indivíduo rumo à realidade superior do seu próprio ser.

A rejeição à forma, natural nos primeiros passos desse caminho, é superada por uma compreensão inteligente da vida manifestada. Reconhecer a unidade subjacente a tudo o que existe é um dos portais que deve ser cruzado para que o ser alcance revelações mais profundas. Do mesmo modo que vê a própria expressão externa como reflexo de uma vida infinitamente maior, começa a perceber o cosmos como o "corpo" de uma consciência incomensurável. Como num holograma, em que o todo está gravado em cada uma das partículas que o compõe, a lei que rege a manifestação desse infinito universo projeta-se nos mundos e nos seres que dele fazem parte.

Assim, o estudo da Astrologia e o reencontro da verdade oculta no âmago da vida e dos seres unificam-se, e sem essa unificação não haveria sentido real nesse estudo. A humanidade passou da situação de ter suas energias acorrentadas às paixões, para encarcerá-las nas frias e estéreis prisões da mente materialista; enquanto isso, o equilíbrio e a harmonia perderam-se pela ausência de uma visão mais abrangente.

Urânia, como as demais musas que ladeiam a Fonte ígnea da qual emana a vida do universo, detém a chama inspiradora que pode desvelar à consciência os mais sublimes segredos sobre o propósito da vida. Mas isso está muito distante da prática comercial e utilitarista que se faz hoje da Astrologia. Os intelectuais condenam a Astrologia, acusando-a de carecer de bases científicas, mas o que pode a mente analítica reclamar se ela mesma transformou a beleza e o impulso ascendente das ciências num conjunto de regras estanques, que embotam o desenvolvimento do ser e encobrem, ainda mais, a luz que tenta chegar aos que a buscam?

As Iniciações, embora de maneira muito diversa da do passado, não deixaram de ocorrer; cada um, em seu próprio interior, saberá como ir ao encontro delas. É preciso, todavia, disposição para aprender. A sabedoria tem por meta o serviço evolutivo, e árduo – embora magnificamente belo – é o trabalho de retirar do ser os traços de egoísmo que poderiam desvirtuá-la.

Apolo, o Sol, que tem um papel tão central na Astrologia, era uma divindade que agia especialmente na elevação da consciência e na depuração do caráter dos homens. Nos seus templos era comum encontrar-se o alerta: "Afastem-se os profanos!" Os Mistérios que as Iniciações revelam não são apenas informações a ser repetidas; promovem uma mudança na qualidade energética de todo o ser, despertam o magnetismo superior, avivam faculdades latentes, preparam os corpos e os níveis psíquicos para prestarem auxílio cada vez maior ao desenvolvimento da humanidade. Por isso é um engano ambicionar o conhecimento iniciático para satisfazer as próprias ideias ou para angariar poderes.

À medida que o indivíduo vai passando por Iniciações, cresce sua capacidade de estimular as soluções dos problemas da existência nos que estão receptivos a encontrá-las. Um Iniciado pode trabalhar tanto invisivelmente, por meio da irradiação de energias elevadas, como externamente, usando elementos que o mundo formal oferece. A prática da Astrologia deveria considerar todos esses pontos.

As ciências antigas estavam interligadas?

Imaginemos um vitral de uma catedral gótica. Inúmeros formatos e cores dispostos de maneira precisa e harmoniosa compõem a sua beleza, mas o que seria dele sem a luz que o revela? Assim é com as ciências e os mistérios ocultos: seu poder e valor não se limitam à forma e aos conceitos sob os quais se mostram, mas fundamentam-se na energia que os alenta.

O som, por exemplo, cuja ciência está relacionada com os mantras sagrados, pouca ou nenhuma ação produz se usado por aqueles cuja consciência não sintoniza com a fonte de energia criadora de onde emana o Verbo.

Pode-se dizer que uma só lei, profundamente oculta, está na raiz de todas as ramificações que a sabedoria apresenta. É preciso que o homem realize grandes sínteses em si mesmo para não apenas conhecer essa lei, mas ser dela expressão viva e perfeita.

Parte III

MYCIEN

A linguagem interior

Inúmeras tentativas têm sido feitas no sentido de tornar o conhecimento sobre as leis cósmicas mais acessível ao ser humano. Para isso, a Hierarquia tem estimulado a divulgação de informações acerca de realidades sutis que possam trazer a ele um impulso evolutivo. A transmissão dessas informações deve ajustar-se a cada momento, razão pela qual não mais se encontram materializadas, nos níveis concretos, as antigas Escolas de Mistérios.

Grandes transformações aconteceram na vida da superfície terrestre, e a situação atual difere bastante da que havia na época daquelas escolas. O arcabouço psíquico do ser humano adquiriu uma solidez outrora inexistente; a mente concreta tornou-se mais aguda e perspicaz, porém mais resistente às verdades abstratas. O trabalho referente ao aprofundamento científico que era desenvolvido nas antigas ordens iniciáticas deveria ter sido assumido pelas universidades e instituições científicas modernas – o que não pôde ocorrer por falta de elementos humanos que tivessem em si o propósito evolutivo claramente delineado.

A ciência passou a ser mera dissecação de formas, um conjunto de experimentos desprovidos da vitalidade que só a coligação com a realidade interior pode conceder.

Perderam-se os vínculos que faziam do trabalho científico um meio de revelação dos mistérios do microcosmo e do macrocosmo. Uma aridez corrosiva foi-se implantando no planeta por estar cerceada sua revitalização a partir do plano mental. A ausência de ideias que refletissem os níveis de pura energia criativa foi gradualmente exaurindo a vida desse nível de consciência.

No entanto, imperecível dentro de todos os seres está a chispa de luz que os une ao grande fogo que alenta este universo; e, dentre eles, nos que permitiram que essa chispa enviasse seus raios aos níveis materiais, cresceu um anseio pelo contato com o que eles mesmos não saberiam definir. Traduz-se como uma insatisfação serena, mas permanente e de tal modo inquietante, que não os deixa cristalizarem-se em situações agradáveis ou desagradáveis. Assemelha-se à atração de um ímã poderosíssimo, ao qual a pequena limalha de ferro – que é a consciência humana – está fadada a chegar, mais dia menos dia.

Quando esse poder magnético começa a atuar sobre a consciência de um ser, é preciso que ele descubra uma *linguagem* que possibilite a comunicação entre os níveis externos e os níveis subjetivos. Tal linguagem é constituída de símbolos, concentrados energéticos que irradiam padrões arquetípicos a ser absorvidos e manifestados na vida externa.

Segundo SEGREDOS DESVELADOS[1], um símbolo equivale a um impulso advindo de um *conceito de criação.* Quando é captado, munido da energia que o emanou, ativa seres elementais e devas, colocando-os em um trabalho dinâmico de plasmar os padrões que inspira. Três centros

[1] Do mesmo autor, Irdin Editora.

planetários lidam mais diretamente com esses vórtices de energia criadora: Anu Tea, Erks e Iberah – que são os guardiães dos mistérios sagrados.

O processo de ampliação da consciência humana, que ocorre por meio das Iniciações, é estimulado especialmente por esses três centros planetários. O despertar da intuição e a capacidade de estar em sintonia com arquétipos abstratos e simbólicos facilita sobremaneira a coligação com a energia deles, e são atributos básicos a ser desenvolvidos por quem aspira a transcender o obscuro nível vibratório no qual esta humanidade está polarizada, podendo assim auxiliar no seu desanuviamento.

Infinitas são as possibilidades de expansões internas ocorrerem na época atual, desvelando e fazendo emergir potenciais latentes do ser e, desse modo, tornando-o mais apto para colaborar na elevação da vida planetária. Indivíduos em vários pontos da Terra têm condições de estar, de um momento para outro, diante de um vasto conhecimento que surge inexplicavelmente em sua consciência e, para cumprirem sua parte no Plano Evolutivo, devem legar esse conhecimento à humanidade, canalizando-o do modo mais impessoal e altruísta possível.

Os seres que em algum momento de sua evolução terrestre conseguiram penetrar as esferas interiores, nas quais os arquivos da sabedoria eterna estão guardados, poderão estar diante de conjunturas ímpares, para resgatarem do esquecimento esses contatos e deles fazer degraus para a escalada dos seus semelhantes. As chaves que destravarão as portas que mantêm esses conhecimentos em áreas inacessíveis à mente concreta são encontradas quando se seguem certos preceitos básicos da senda interior, que são:

- autoesquecimento;
- ausência de agressividade;
- amor impessoal;
- fé;
- entrega;
- desapego dos bens materiais e dos laços engendrados pelo ego;
- capacidade de renúncia;
- persistência;
- observância da lei do silêncio;
- obediência às indicações internas.

Penetrar âmbitos de energia supra-humana requer do indivíduo a manifestação de uma qualidade vibratória que com eles esteja afinada. Por isso, em geral, para a revelação chegar à consciência, essa qualidade vibratória deve ter sido cultivada e estar implantada na totalidade do ser. A similaridade de sua vibração com fontes energéticas sublimes, elevadas, abre importantes portais e pode suprimir a ocorrência de fatos negativos que não sejam compulsórios. Uma circunstância involutiva pode tomar rumos contrários aos esperados se, isento de egoísmo, quem a vive estiver sintonizado com leis supranaturais.

Transformações assim tão profundas, que mudam o curso dos fatos, advêm da superação de alguns estados energéticos. Quem busca seriamente exprimir padrões superiores deve abolir do seu vocabulário e da sua manifestação como ser humano os estados que se expressam por meio das palavras:

- criticar;
- enganar;
- seduzir;
- usurpar;
- desistir;
- reclamar;
- exigir;
- outras de vibração semelhante a essas.

* * *

O impulso que provém do cosmos e revitaliza a vida da Terra estimula o surgimento de uma nova consciência. Uma conduta mais elevada deve desabrochar neste planeta, atualizando, em todos os seus setores, o que está sendo preparado pela implantação do novo código genético em alguns indivíduos.

Ainda misteriosos e imprevisíveis são os destinos dos seres humanos que habitam a superfície da Terra. Se tomássemos como base fatos externos, teríamos a destruição da humanidade como irrevogável. A poluição ambiental dia a dia se agrava. Além disso, a estimulação de valores egoístas e materialistas leva os homens a exterminarem-se uns aos outros. No entanto, os caminhos de um planeta e dos seres que nele habitam não são determinados nos planos materiais, razão pela qual a Terra tem conseguido subsistir através dos tempos.

De quando em quando, a consciência, cativa de suas criações humanas, vislumbra a própria imortalidade nos mundos invisíveis e vê-se arrebatada pelo anseio de libertação. Neste momento, é como se no cosmos um pedido de auxílio se fizesse ecoar. Em um poço escuro, encontra-se caída, ela, uma das mais belas flores do universo. Não viriam resgatá-la? Sua longa permanência na escuridão, todavia, não lhe permite ser, de imediato, colocada diretamente sob a luz do Sol; é imprescindível um preparo, uma readaptação. Em níveis internos, esse preparo está sendo dado a todos os que sinceramente o buscam.

Com seus núcleos supramentais, alguns seres têm estado em contato com a vida que transcorre nas esferas sutis da Terra e de planetas mais avançados, materiais e imateriais. A humanidade de vários vórtices cósmicos cuja consciência superou ou nem chegou a viver essa "queda" tem prestado grande auxílio aos seres da superfície terrestre. Acima dos planos onde o ego domina, a unidade da existência cósmica é muito mais perceptível, e o contato com consciências evoluídas ocorre sempre que a necessidade determina. E toda aspiração ascensional autêntica reflete-se nesses planos como uma necessidade.

A atenção dedicada ao trabalho de elevar o potencial energético da humanidade terrestre é um serviço e um passo na própria escalada do ser. É urgente uma mudança de padrões de conduta neste planeta. Sua humanidade está às fronteiras de um novo ciclo, e as atitudes por ela tomadas nessa passagem podem trazer consequências mais ou menos destruidoras. Assim como há infinita ajuda por parte da Hierarquia, uma forte resistência à transformação é exercida pelas forças involutivas. É preciso não deixar que a inércia tolha o avanço aos níveis superiores. É preciso serenidade para perceber com clareza os atos a ser realizados, a fim de que se deem em sintonia com a meta. É preciso também amor profundo pela verdade e pela essência da vida, pois só ele poderá fazer prevalecer o real, a despeito das muitas e vãs justificativas que o mundo das formas insistentemente apresenta para permanecer na ilusão.

O que move o ser nessa busca não é o sentimentalismo ou a piedade emotiva por si mesmo e pelos demais, mas a pura necessidade de encontrar e afirmar a dignidade do homem como ente imortal.

Graus de preparação

Um dos propósitos da existência de Escolas de Mistérios é alinhar a consciência humana com a essência energética do ciclo que está sendo vivido. Atualmente é possível reconhecer essas escolas como estados de consciência e não como estruturas materiais. Elas não tratam da formação de magos, mas de seres libertos da ilusão das formas e dedicados ao cumprimento do Plano Evolutivo.

As Escolas de Mistérios, que existiram nos níveis concretos e hoje se encontram em níveis sutis, exercem o papel de focos irradiadores da sabedoria e de pontes entre o homem e os núcleos regentes da vida planetária. Os discípulos que delas se aproximam devem atingir certos patamares vibratórios de modo a ter acesso a leis mais profundas. Para que um ser chegue a procurar essas escolas é preciso que a energia interna já tenha tocado sua consciência externa de maneira especial, atraindo-o para a senda da transcendência de si mesmo. Quando esse toque sutil ocorre, dá-se uma mudança no relacionamento do ser com a vida concreta. O pacto inconsciente com as forças do egoísmo, comum nos não despertos, começa, a partir de então, a ser superado.

A fim de não impedir a ação das energias transformadoras sobre si, os discípulos precisam aprender a não temer as provas e a vivê-las como oportunidades de alcançar planos mais elevados. Nas antigas escolas, como as egípcias, uma preparação, que poderia ser relativamente longa, era necessária antes de os discípulos terem contato com vibrações potentes. Como a essência desse aprendizado é válida também em nossos dias, podemos aqui fazer dele uma síntese.

O tipo de vínculo com essas antigas escolas determinava diferentes níveis de trabalho com os que delas se acercavam:

- Havia seres que se aproximavam das escolas para ter um impulso iniciático específico, viver determinado processo e retornar ao local de origem, sem prosseguir em contato com elas. Esses seres conheciam os envoltórios externos das escolas, mas não tinham acesso às ciências que nelas se estudavam. O ensinamento que recebiam concentrava-se em alguns setores básicos: o desapego dos bens materiais, a transcendência da ilusão da morte e o domínio sobre os apetites humanos. De certo modo, esse era o trabalho exotérico das escolas.
- Havia também seres que chegavam às escolas prontos a se dedicarem plenamente à energia que por meio delas se irradiava. Isso revelava que a lei do carma material já não tinha controle total sobre eles. Eram candidatos a penetrar o trabalho esotérico que ali se desenvolvia. No entanto, como cada um se encontrava em um estado de consciência diferente, eram necessários elementos que os agrupassem segundo o grau de preparo interno para receberem determinados estímulos, e as provas eram os principais sinalizadores desse grau.

Uma das primeiras provas vividas pelos discípulos incluía a vivência da lei do silêncio, a disciplina e a obediência. Os Mestres das autênticas escolas eram vinculados à Hierarquia ou membros dela encarnados em corpos materiais. Por meio da reverência a esses Mestres ia sendo construída nos discípulos uma base de devoção que, ao longo do seu desenvolvimento, evoluía da veneração a um ser para a veneração à própria essência interior, prolongamento do Uno.

Além disso, a aura das escolas, por si mesma, despertava os discípulos para o relacionamento com alguns Raios básicos ao seu aprendizado. Os Raios de Atributo eram os primeiros com os quais interagiam, pois apenas depois que tivessem absorvido os atributos da energia que sustém os universos, poderiam conhecer também seus aspectos. Dessa maneira, implícito nas fases preliminares do aprendizado, nessas escolas estava o desenvolvimento das qualidades do Raio Quarto ao Sétimo:

- harmonia e equilíbrio;
- clareza mental;
- devoção e idealismo;
- ordem e estruturação.

O ritmo de vida externa dessas escolas colocava os discípulos continuamente diante de situações que estimulavam o surgimento dessas energias e a necessidade de sua correta canalização. É comum a crença de que rituais misteriosos fossem realizados para facultar poderes ocultos aos Iniciandos. Essa crença é fruto da tendência fantasiosa da mente humana, e também do fato de já ter havido na Terra práticas em que o homem invocava elementais de densa vibração a fim de servir-se deles para fins obscuros. Tais práticas, no entanto, não existiam ali, pois desde então se sabia que quem realmente busca contatar a Hierarquia planetária não deveria ter por elas interesse algum. Sabia-se também que, devido a essa ilusão, a consciência humana tende a se esquecer de que o mais importante é que as qualidades de esferas superiores possam estar impregnadas e absorvidas na totalidade do ser, o que não se consegue artificialmente.

Houve na Grécia Antiga uma pitonisa cuja grande sabedoria era reconhecida por todos. Uma profunda afinidade com mundos invisíveis lhe era peculiar, bem como a percepção do movimento de energias sutis. A aprendizagem que a levou a despertar a vidência e a capacidade de captação de impulsos espirituais ocorreu de maneira muito simples: durante certo período, ainda quando jovem, ela foi chamada a residir num importante Templo e a conviver com os sacerdotes e as sacerdotisas ali presentes. Acompanhava-os nas tarefas diárias e também nos estudos. Pouco a pouco, sem necessidade de ritos formais para isso, ela foi permeada pela vibração sagrada do local. Tratava-se da afinação de um instrumento sensibilíssimo, o que só pode ser feito corretamente pelos núcleos internos do próprio ser, pois por eles são conhecidos os parâmetros exatos para que esse processo se dê. A vivência no Templo, somada à atitude de abertura da jovem, mergulhava todo o seu ser numa atmosfera de elevação e colocava cada partícula dos seus corpos vibrando em harmonia com o ritmo de esferas internas. Foi assim que ocorreram nela transformações não transitórias e das quais participou a globalidade do seu ser.

Para que transformações como essas se realizem é preciso que a consciência não se fixe só no que se passa externamente, no mundo das formas. Sem alimentar fantasias, é necessário que viva os fatos materiais atenta ao significado que velam. Essa atenção despojada da superficialidade própria da imaginação é o que cria fios de ligação entre a realidade interna e a externa.

Nas Escolas de Mistérios, passadas as provas preliminares, o discípulo já iniciado entraria num estágio de aprendizado relacionado especificamente à tarefa que lhe coubesse. Entretanto, nessa fase todos deveriam despertar em si, de modo mais profundo, os Raios de Aspecto, que são:

- Vontade-Poder, o Primeiro Raio. Essa energia confere ao ser a capacidade de estar acima dos movimentos dos mundos materiais, dando-lhe condições de criar e dissipar formas, vínculos e laços; permite a abertura de novos rumos, é intrépida e expansiva. Qualquer que fosse o destino do Iniciado, seria preciso que ela estivesse viva em suas ações.
- Amor-Sabedoria, o Segundo Raio. Essa é a energia que faz com que o universo se mantenha coeso; é ela que reveste de uma forma o propósito evolutivo, amalgama as partículas segundo uma vibração superior e as une ao caminho de retorno à Origem. Para que sua atuação seja efetiva, o impulso à união tem de estar permeado pela sabedoria; as ligações são, assim, tecidas de acordo com o Plano Evolutivo. Sem que essa energia fluísse livremente por intermédio do Iniciado, suas obras careceriam de coesão e não resistiriam aos impactos das forças dispersivas.
- Inteligência Ativa, o Terceiro Raio. Essa é a energia que coordena a manifestação das ideias e é fundamental na expressão dos impulsos captados internamente. A ela estão ligados os Raios de Atributo. Fornece as bases para que a estrutura de uma obra

seja erigida nos planos materiais. No ser humano, exprime-se como discernimento intuitivo, que avalia precisamente o que se passa, percebendo com clareza os rumos a ser tomados.

Esses três Raios, apesar de apresentarem qualidades bem definidas, trabalham sincronicamente e, juntos, promovem a integração dos mundos manifestados com a fonte que os alenta. Os Iniciados desenvolviam-nos em si, tornando-se reflexo deles na vida material. A irradiação que emana de um ser integrado à essência desses Raios traz à superfície do planeta algo que está muito além dos fatos corriqueiros.

Na sintonia com os Raios normalmente estão as chaves que abrem os portais dos mistérios cósmicos. Engana-se quem os tenta desvendar sem conhecer para isso os caminhos. Véus que não se deixam rasgar ocultam a verdadeira sabedoria; no entanto, caem espontaneamente tão logo o ser esteja pronto para absorvê-la.

Pórticos do Infinito

Parte da humanidade terrestre dirige-se hoje a um estágio em que poderá absorver um dos segredos iniciáticos: a compreensão e a vivência da unidade subjacente ao universo manifestado. Os ensinamentos que já lhe foram transmitidos prepararam-na para esse passo. Vemos, por exemplo, que nas escolas egípcias essa unidade exprimia-se como Amon-Rá, que era considerado pai e filho concomitantemente. Amon era o senhor das esferas invisíveis e Rá o senhor dos mundos criados. Segundo os egípcios, esses dois universos, o material e o espiritual, convivem num mesmo ser e, de uma perspectiva mais profunda, são um mesmo ser. A harmonia e a realização da vida só se consumam quando esses universos se integram em tal grau que se tornam uma só expressão.

O mesmo impulso à unidade existia nas escolas gregas onde Zeus era o esposo e a esposa cósmicos, ou seja, o poder criador e também o substrato no qual a criação é moldada. Quando a vida em sua totalidade se purifica, não se pode mais separar matéria e energia, forma e espírito. São as imperfeições impregnadas no mundo concreto e na consciência dos seres que nele habitam que produzem a dissociação e o antagonismo entre universos que, em essência, são uma única realidade.

Grande parte das dificuldades com que a humanidade terrestre se depara tem origem na falta de uma consciência mais plena dessa unidade. Se o padrão de entrelaçamento de fios que parecem separados não é conhecido, embaraçam-se as linhas e criam-se nós que impedem o prosseguimento da tecedura. Por desconhecê-lo, torna-se problemático para a maioria perceber como os assuntos de um setor da vida devem relacionar-se com os de outro. Todavia, na unidade não há divergências e são um mesmo assunto. Estando ambos dentro de uma única meta, a harmonia estabelece-se naturalmente.

Circunscrever a consciência ao mundo externo, separando-a do que se passa internamente, é cercear sua capacidade de erguer-se ao encontro da realidade. No entanto, não é com meras palavras que se implanta a unidade. Atingi-la significa penetrar o estado que lhe corresponde – o que se consuma quando o ego, núcleo em que o antagonismo tem raízes, deixa de ser o vórtice coordenador da vida do indivíduo. A partir dessa transcendência, núcleos mais profundos podem trazer suas energias ao plano físico denso e o próprio fluxo energético se incumbirá de unir forma e espírito. Essa circulação permite vir do Alto o que desanuvia a matéria, ao mesmo tempo que a faz expressar os impulsos espirituais por meio de formas adequadas.

Embora a realidade da vida externa do ser humano da superfície terrestre seja atualmente bem diversa da que a totalidade do cosmos exprime, essa realidade será um dia vista e percebida por ele como uma manifestação que vibra em perfeita consonância com suas contrapartes intangíveis. O cosmos perceptível é um dínamo que se movimenta segundo um ritmo integrado à existência sutil. Assim, como se seguissem uma coreografia sublime, os astros deslizam no firmamento compondo quadros que na verdade são conjunturas energéticas que definem o progresso de universos e mundos.

Uma pulsação inaudível ecoa no infinito; ela é o som da *palavra* pronunciada no início dos tempos, som cuja escala se ajusta aos vários planos de existência. O aprofundamento da Astrologia é o aperfeiçoamento da percepção dessa *palavra*, é a descoberta dos sons que a exprimem nesses planos em que vivemos. Tal ciência, vista dessa maneira, é uma poderosa torrente que encaminha à origem cósmica tudo o que por ela é tocado. Não pode ter seu fluxo estancado por regras e conceitos; é para ser vivida como um diálogo em que a cada resposta o ser humano recebe um novo impulso para ir além. Por isso, este livro representa uma porta, uma abertura a um trabalho que deve ser aprofundado e ampliado; pode auxiliar a consciência a despertar suas capacidades intuitivas e levá-la ao contato com uma realidade abrangente, da qual todos somos parte.

* * *

Os impulsos iniciáticos revestem-se a cada época da forma mais adequada para acender na consciência dos seres a chama de um fogo sagrado. Como vimos, na mitologia da Grécia Antiga os segredos do cosmos eram guardados por nove musas, virgens que se mantinham numa castidade inviolável, demonstrando assim que em essência a sabedoria não pode ser profanada.

A palavra musa tem origem no verbo grego *mycien*, que pode ser traduzido como *ensinar o que é o sublime*. A Astrologia, sendo uma dessas musas, provém de uma fonte superior. A límpida compreensão a seu respeito só pode ser alcançada quando se consegue estar em sintonia com tal fonte, podendo-se então perceber os novos impulsos que dela emanam.

A Terra, como consciência, está-se unificando ao cosmos num grau nunca antes atingido. Os fluidos etéricos que circulavam nos seus diversos níveis de existência ampliam hoje seus contatos com correntes de energia de outros universos. Sem que a maioria dos homens perceba, todo o planeta está passando por um intenso processo de expansão. Além disso, está-se descobrindo como uma vida-consciência mais potente é participante de uma vida-consciência ainda mais vasta. Os seres que nela evoluem são como fagulhas desse fogo cósmico que ora se eleva; o calor da chama chega às fagulhas, dinamizando-as. Em planos subjetivos, todos estão sendo tocados e transformados, atraídos por uma imensidão que mentalmente não conseguem conceber, mas cuja existência não podem mais negar.

Esse processo de transformação, quase sempre oculto, silencioso e invisível, tornou-se viável devido a uma dinamização especial de uma rede de centros planetários por meio da qual atua a regência do planeta no ciclo que teve início em 8.8.88[1]. Esses centros mantêm contato contínuo com vórtices cósmicos agora acessíveis à Terra. Com seus Espelhos, oferecem as bases pelas quais fluem essas correntes de energia que interligam a Terra ao cosmos. Também por meio desses Espelhos são transmitidos os impulsos iniciáticos à humanidade. Portanto, assim como outrora os discípulos procuravam escutar das musas sagradas a revelação dos arcanos da existência, hoje eles têm de buscá-la no âmago dos centros planetários, pois certos véus foram retirados

---

[1] Vide Miz Tli Tlan – *Um Mundo que Desperta*, do mesmo autor, Irdin Editora.

e a mente humana está mais preparada para reconhecer a verdade subjacente aos símbolos mitológicos.

Essa rede constitui-se de doze centros, dos quais sete são conhecidos agora: Anu Tea, Aurora, Erks, Iberah, Lys-Fátima, Mirna-Jad e Miz Tli Tlan[2]. Seus Espelhos recebem e transmitem impulsos de vários pontos do cosmos, de acordo com a tarefa que estejam realizando e o nível de energia que podem e devem irradiar naquele momento.

Permanentemente chegam à Terra inúmeros feixes de energia das mais diversas regiões siderais. Para captá-los, os Espelhos do planeta devem ter a capacidade de vibrar na mesma frequência; eles não abarcam, porém, todas as faixas vibratórias. Assim, algumas energias, embora existam, não são percebidas nem conseguem atuar em determinados níveis de consciência do planeta, até que os Espelhos atinjam o grau evolutivo requerido para que isso se dê. A exemplo disso, vemos que, só a partir da atual transição, os Raios que qualificam o plano astral cósmico começam a ser reconhecidos pela humanidade de superfície da Terra.

Como dissemos, para que seja possível o contato com determinadas esferas de existência, é preciso que os Espelhos planetários tenham conseguido atingir a vibração nelas presente. Inúmeros são os portais já abertos.

Com relação ao trabalho junto ao Reino Humano, os núcleos do sistema solar e as constelações do zodíaco com os quais os Espelhos dos centros planetários mantêm sintonia mais frequente são:

---

[2] O trabalho desses centros foi apresentado em livros anteriores do mesmo autor, publicados pela Irdin Editora.

Centro planetário	Núcleo do sistema solar	Constelação zodiacal
Anu Tea	Mercúrio e Saturno	Escorpião e Capricórnio
Aurora	Saturno e Netuno	Sagitário e Áries
Erks	Urano e Saturno	Capricórnio e Balança
Iberah	Mercúrio, Marte e Plutão	Câncer, Escorpião e Touro
Lys	Lua, Vênus e Júpiter	Gêmeos e Virgem
Mirna Jad	Vênus e Netuno	Aquário e Peixes
Miz Tli Tlan	Sol e Júpiter	Leão e Aquário

Todavia, é preciso ressaltar que esses Espelhos não lidam somente com a energia dos núcleos apresentados neste quadro. O trabalho nos níveis supramentais, onde esses contatos se realizam, tem uma mobilidade que ainda não foi manifestada na vida material. Cada ação segue uma ordem tão perfeita e tão indefinível que mentes habituadas a conceitos fixos não conseguem acompanhar.

Um dos motivos para a morosidade dos mecanismos de percepção corporais dos seres humanos é a proeminência do fogo fricativo[3]. O movimento nos planos mais densos deste

[3] **Fogo fricativo**: os fogos são energias que vivificam a matéria e a essência dos níveis de existência. No plano físico cósmico, há três fogos ativos: o fogo cósmico, que atua por meio da irradiação; o fogo solar, que atua por meio da eletricidade e das tensões polares; e o fogo fricativo, que atua por meio do atrito. Vide O Nascimento da Humanidade Futura, do mesmo autor, Irdin Editora.

planeta inclui sempre uma parcela de atrito; o atrito gera desgaste e é fruto da oposição ao progresso. O novo código genético, que está sendo implantado nos seres abertos ao impulso evolutivo, tem em sua constituição um maior grau de fogos sutis, o que trará à vida humana um ritmo mais dinâmico, sem que todavia isso signifique agitação. Esse ritmo dinâmico característico dos fogos sutis é como o pulsar das estrelas distantes: embora se dê numa intensa velocidade, transmite a impressão de imobilidade.

A face da Terra carece desses fogos superiores. A matéria e a consciência dos homens já não podem mais suportar o jugo de impulsos que provocam incessantes atritos. Outra possibilidade de vida já se faz visível para alguns. É preciso que deixem que as Hierarquias curadoras atuantes neste planeta a aproximem da sua consciência, e é preciso que a implantem na própria rotina diária com toda a energia de que dispõem. O que se vislumbra como um mundo superior não é para ficar em planos utópicos; é requerida ao homem determinação irrestrita para manifestar os aspectos que se revelam dessas esferas sublimes.

Quando a consciência percebe um universo mais perfeito, isso significa que de algum modo já está em sintonia com ele. Nos mundos sutis, a realidade assume conotações ainda raramente captadas pelo homem comum. Tanto o que é percebido pela consciência quanto o que é por ela criado tem *vida* nos níveis internos. Várias são as gradações energéticas desses níveis, e por isso é preciso selecionar as vibrações com as quais nos relacionamos, bem como dispensar uma atenção especial, permanecer em serena vigilância quanto ao que produzimos com o pensamento e as emoções.

As faculdades dos corpos humanos – o físico-etérico, o emocional e o mental – têm potencial para agir em perfeita sintonia com os estímulos transmitidos de níveis suprafísicos. O ajuste dessa sintonia é uma das realizações que o GNA torna acessível, pois o GNA é um código genético que imprime de maneira mais límpida e cristalina o padrão arquetípico do homem futuro, padrão que, todavia, esteve desde sempre latente no interior dos indivíduos. O GNA, portanto, é apenas um instrumento de revelação de um legado oculto na essência desta humanidade.

Quando esse código começa a desenvolver-se nos níveis internos do ser, amplia seus horizontes, expande sua consciência ao encontro da vida cósmica. Assim, da focalização de metas individuais ele é levado a polarizar-se em metas grupais; de metas grupais ele é conduzido às planetárias, e assim, gradualmente, rompem-se as fronteiras que o mantinham num estágio obscuro.

Diziam os sábios antigos que o mundo sensível depende do mundo inteligível, e o mundo inteligível, por sua vez, depende da energia dos mundos intangíveis, onde impera o poder divino. Os núcleos internos do ser, recebendo do cosmos o influxo do Bem, revelam por intermédio do mundo inteligível e do mundo sensível a obra da energia divina. Ao reverenciar o Bom, o discípulo verá os véus que cobrem os mistérios da existência planetária caírem diante de si, mas só quando se ofertar ao Bem, cruzará os pórticos do Infinito.

Apêndice

SINALIZAÇÕES

De

HISTÓRIA ESCRITA NOS ESPELHOS

Princípios de comunicação cósmica e

SEGREDOS DESVELADOS – Iberah e Anu Tea[1]

A Astrologia, assim como as ciências em geral, será reencontrada pelo homem no novo ciclo terrestre, sob roupagens adequadas à época. As sementes dessas transformações já estão sendo plantadas no éter planetário por Hierarquias encarregadas dessa tarefa, que trabalham coligadas a elevadas entidades que têm no plano cósmico sua morada.

* * *

O homem moderno, ao encontrar nas paredes das cavernas os desenhos deixados por seus antepassados, tem neles um referencial para aquilatar quão diferentes eram das de hoje as condições de vida daquela época; entretanto, ainda maior distância haverá entre as futuras expressões das ciências e as atuais.

* * *

A relação do homem com as energias cósmicas terá que dar um salto na escalada evolutiva e reencontrar esse inter-relacionamento energético em planos anímicos e espirituais. Uma percepção superior definirá os símbolos

[1] Livros do mesmo autor, Irdin Editora.

arquetípicos que inspirarão o contato e a comunhão da vida terrestre com o cosmos.

A visão que o homem tem do firmamento também se modificará. No ciclo futuro, com os seus corpos já sutilizados, ele terá maior alcance visual e mais amplas possibilidades de contato interior. Verá refletida na esfera celeste uma vida dinâmica, que espelhará a evolução dos universos e que, como energias potentes e renovadoras, se projetará por toda a existência cósmica.

* * *

A elevação vibratória de toda a vida planetária desvelará um novo universo – tanto no interior, como no exterior dos homens, aproximando-os da essência do Sol. Eles poderão, assim, reconhecer os guardiães dos portais da consciência supraestelar, e a alguns será dado mergulhar nessa consciência, nesse oceano desconhecido, e reencontrar a essencialidade da existência.

Tendo reconhecido a luz e estando com ela unificado, o homem poderá penetrar os mistérios celestes. Como um facho luminoso, chegará às portas do que não se exprime em vida temporal, mas que está na eternidade da Inalterabilidade.

* * *

Está ocorrendo uma elevação do nível vibratório de várias consciências sagradas, inclusive das que a partir da Ursa Maior transmitem para a Terra energias fundamentais para a evolução; estas são também conhecidas como os sete Rishis da Ursa Maior.

Uma luz pura e potente é refletida por essa constelação como parte do trabalho de canalização da energia dos Raios processado no cosmos. Esse trabalho se realiza por meio do acoplamento de consciências excelsas e de Espelhos de ampla magnitude e alcance.

* * *

A essência da Astrologia, familiar aos antigos sábios, principalmente os caldeus, estará incorporada à essência da Astronomia e, como uma só linha de aproximação à realidade, trará ao homem o reconhecimento dos arquétipos estelares e do propósito subjacente à criação. Não mais focalizada nos indivíduos, mas no cosmos, tais ciências revelarão o que deve manifestar-se em cada ciclo, ajudando os seres a reconhecer suas verdadeiras tarefas dentro do Grande Plano.

* * *

Os ciclos existem, assim como as energias atribuídas às constelações, que são expressões externas de grandes entidades e não apenas aglomerados de corpos celestes. Entretanto, da mesma maneira que em um termômetro convencional não se mede o calor diretamente, mas sim o efeito dele sobre algo material (no caso, a coluna de mercúrio), as constelações zodiacais servem de referência para a identificação dos efeitos específicos de determinadas energias e arquétipos cósmicos sobre a consciência do homem e a vida planetária, e das várias interações decorrentes desse processo.

* * *

Nos tempos que se aproximam, o relacionamento do novo homem com o universo estará embasado em um contato interior. O estudo dos arquétipos e dos ciclos das várias energias cósmicas não se fará tendo o ser humano ou o planeta onde ele habita como centro; será enfocada, isso sim, a leitura do que está destinado a se plasmar, em cada nível de consciência, como propósito divino, como vontade soberana do Criador, que terá na humanidade futura um canal para sua expressão.

* * *

De Sirius provém para este sistema solar um inimaginável potencial de energia supramonádica, que será ainda reconhecido pela humanidade. A vibração de Sirius canaliza também aspectos de energias maiores, que estiveram ausentes da manifestação deste planeta por não haver na Terra a base que pudesse ancorá-los e refleti-los. Tal situação se estendia, de uma forma geral, a todo o sistema solar, à exceção de alguns planetas (entre eles Júpiter e Vênus) e do próprio Sol, que canalizavam essas energias em nível profundo. É importante relembrarmos, porém, que no cosmos nada está realmente ausente, pois tudo é uma só consciência.

* * *

A percepção de toda e qualquer manifestação energética depende do canal contatado – e isso é um fundamento já bem conhecido do trabalho com energias. Assim, uma mesma expressão da energia pode ser percebida de diferentes maneiras, dependendo do canal e do nível em que o contato é estabelecido.

* * *

Os homens, nas próximas etapas de sua vida sobre a Terra, revelarão em seu ser o esplendor e a glória daqueles que conhecem a luz. Com a fusão da essência etérica em certos subníveis do plano astral; da essência astral na mental concreta, e da causal (mental abstrata) na intuitiva, a humanidade de superfície da Terra viverá o seguinte processo, que já agora se prenuncia:

Etapas das Iniciações	Domínio das leis nos subníveis	Expressão	Planeta regente exotérico	Planeta regente esotérico
III	2º e 1º (etérico cósmicos)	Poder	Júpiter	Vênus
II	4º e 3º (etérico cósmicos)	Sabedoria	Vênus	Sol
I	concretos do nível físico cósmico	Atividade	Marte	Urano

Um importante papel na coligação entre a Terra, o Sol e Sirius é desempenhado por Vênus. Devido ao fato de este sistema solar estar em seu segundo grande ciclo de manifestação, regido pelo segundo aspecto divino, a energia do Amor-Sabedoria cósmico, esse aspecto é, em última instância, aquele que o governa, o guardião do "Cetro do Poder", poder que é emanado dessa energia. Aqui está uma das chaves para compreensão de um trabalho oculto, profundo, realizado neste sistema solar pelo planeta Vênus.

As interações dos vários planetas do sistema solar ocorrem em diferentes níveis, concomitantemente. Por isso, dependendo da conjuntura global apresentada, distintos planetas podem representar uma mesma energia. Outro ponto a ser ressaltado é que as tabulações aqui apresentadas expressam apenas detalhes de uma realidade muito ampla, cuja totalidade não pode ser mentalmente esquematizada. Ao aplicar a lei da analogia, o estudante será estimulado a penetrar níveis intuitivos, a contatar a essência do Ensinamento.

* * *

Há as seguintes relações de núcleos extrassistêmicos com energias que se expressam atualmente neste sistema solar, e os períodos evolutivos que elas representam:

Triangulação energética			Energia expressa	Representativa do
Órion	Alfa Centauro	Júpiter	Vontade	3º grande ciclo sistêmico
Sirius	Plêiades	Vênus	Sabedoria	2º grande ciclo sistêmico
Andrômeda	(núcleo não revelado)	Saturno	Atividade	1º grande ciclo sistêmico

Todavia, é preciso deixar de atribuir a esses núcleos planetários e estelares apenas características astronômicas, e compreendê-los como estados de consciência em expressão dinâmica.

Além disso, há de se ter presente que, quando um ciclo evolutivo está em desenvolvimento, ele guarda a síntese dos ciclos anteriores e a semente dos ciclos futuros. Por isso, encontramos no atual sistema solar energias representativas dos três grandes ciclos.

* * *

Mercúrio é um mensageiro do Sol e uma das suas principais tarefas junto à humanidade terrestre, neste momento, é a de proporcionar harmonia entre os opostos. Apesar de não exprimir predominantemente uma energia de Quarto Raio, o da harmonia através do conflito, Mercúrio tem o poder necessário para reajustar as divergências criadas pela expressão dos homens sob a ação desse Raio. É pura energia ígnea em movimento, fogo e luz, e seu destino é ser absorvido pelo Sol, liberando-se, como Logos, de exprimir-se externamente.

* * *

Outros planetas devem entrar em manifestação, e suas órbitas já estão traçadas em níveis sutis. A transformação pela qual a Terra e o cosmos estão passando é o que permitirá a abertura desses novos processos.

* * *

Neste sistema solar, nove planetas físicos são conhecidos pela ciência terrestre; todavia, ela já constatou a possibilidade de haver ainda outro, cuja existência já havia sido revelada no passado pelo ensinamento esotérico.

Esse planeta tem sido denominado Quíron, e se encontra em nível físico-etérico, não tendo ainda ingressado em uma fase de materialização mais densa. A sutilização da Terra, já em ato, concorrerá para a condensação de Quíron, mantendo-se o número de planetas materializados neste sistema solar em torno de 9. A conjuntura energética de 9 planetas manifestados em nível físico-concreto corresponde ao presente estágio evolutivo deste sistema solar, que se encontra em seu segundo grande ciclo de desenvolvimento.

De

O VISITANTE – *O Caminho para Anu Tea*[1]

A essência de cada fraternidade cósmica é alentada por uma energia que as qualifica, energia que se tem dado a conhecer como um *signo cósmico*[2]. O relacionamento com os signos cósmicos torna-se possível quando os mecanismos mentais do ser estão sob o controle de núcleos internos que previnem a criação de formas-pensamento irreais e fantasiosas. A renúncia a projetos pessoais é imprescindível para o contato com impulsos extraplanetários. Os signos cósmicos impulsionam a manifestação de padrões arquetípicos, e, portanto, a consciência que lhes serve de canal não pode estar contaminada com aspirações humanas nem com metas pessoais.

* * *

A presença dos signos cósmicos na órbita do planeta tem também a função de construir rotas para os seres que transcenderam ou estão transcendendo a evolução terrestre. Abre portas para mundos distantes e desde já trabalha os núcleos internos dos indivíduos, preparando-os para os destinos que lhes estão indicados.

---

[1] Livro do mesmo autor, Irdin Editora.

[2] Não confundir com os signos zodiacais. Os signos cósmicos são realidades pré-existentes à criação dos universos, das galáxias e das constelações. Deles emanam os arquéticos para a vida manifestada.

A irradiação desses signos age sobre esses núcleos interiores dos seres e reflete-se em pontos específicos dos seus corpos. Assim, um magnetismo interno é despertado, e, imperceptivelmente, o ser se transforma numa fonte transmissora de impulsos espirituais. A afinação com a origem desses impulsos é implementada à medida que sua consciência se rende a um amor arrebatador, a uma "loucura santa", como o chamam alguns místicos. As bases da vida cósmica ultrapassam a compreensão humana. Nelas está presente a ação de Raios, que, em seus movimentos convergentes e divergentes, criam e dissipam as formas, atualizando permanentemente a expressão dos universos.

* * *

Os representantes dos signos cósmicos atuam em nome da Regência Suprema. São fontes de auxílio para o programa de resgate e colaboram na redenção da vida planetária. É hora de colocar a mente dos homens em sintonia com esses signos. O grau de tensão dos planos materiais requer a introdução de correntes poderosas. Por isso sua existência está sendo revelada.

* * *

Os signos cósmicos são realidades sublimes, imateriais; são núcleos de pura energia, que partem da Fonte da Vida, assumindo cada um deles características desse centro primordial. Sua origem é tão profunda que não pode ser alcançada pela mente humana não iniciada nos mistérios da Criação. Toda a vida em evolução, porém, vai-se aproximando à energia deles tão logo possa recebê-la diretamente.

A certa altura da trajetória evolutiva de um ser, de um planeta, de uma estrela, de uma galáxia ou de vidas ainda mais amplas, os signos aos quais sua consciência está internamente vinculada começam a delinear-se em sua esfera de existência e a refletir, no cosmos, a vibração que os caracteriza. A vida manifestada tem como base a interação de correntes energéticas. Assim, as vibrações desses signos passam a determinar o desenvolvimento de vários setores do Plano Evolutivo. As fraternidades cósmicas são as expressões dos signos que acolhem os seres libertos das leis materiais e humanas, e velam pelo cumprimento dos propósitos indicados por esse Plano.

Esses signos cósmicos custodiam o contato do homem com os universos interiores, imateriais e inanimados. Como sua consciência no futuro estará muito mais voltada para esses estágios da vida, a luz dos signos será a base do seu relacionamento com o cosmos, relacionamento no qual se fundamentará a nova Astrologia. Essa nova manifestação da Astrologia, contudo, não terá o ser humano como foco de suas atenções, pois ele já terá cruzado os portais da senda iniciática e transcendido o estágio do egotismo.

* * *

A luz dos signos cósmicos é infinita. A luz dos homens será infinita, e seus passos já tomam essa direção. Uma chispa do fogo imaterial habita o centro da Terra e o centro de cada ser. Seu calor já afasta o frio que se disseminou pelo mundo. Todavia, sua luz ainda não rasgou os véus da matéria. A Instrução forma o ser; tem como meta a consciência e, portanto, não se ocupa diretamente de estruturas materiais. A Instrução dá indicações, mas não pode realizar o que cabe aos homens. A Instrução traz o fogo, mas a tocha tem de ser erguida por eles. A Instrução mostra-lhes o caminho, mas é por eles que as fronteiras têm de ser cruzadas. A Instrução integra-os ao cosmos, mas as bases da união já devem ter sido construídas. A Instrução traz a eles as chaves da sabedoria, mas compete-lhes encontrar as portas que tais chaves abrem. A Instrução dignifica-os, mas não antes de terem aprendido a grandeza da humildade. A Instrução concede a eternidade aos que, dentre eles, descobriram a paz em todos os tempos.

* * *

A luz dos signos cósmicos vem suprir a Terra de uma abundância divina, porém é em si um estado de absoluta simplicidade, pois só na ausência do supérfluo a essência pode revelar-se com pureza.

* * *

O destino de cada ser é inescrutável para a mente racional. Ainda assim, seus passos se dirigirão sempre para os signos celestes que apresentem maior similaridade vibratória com sua energia. Os signos celestes são a síntese das energias primordiais que sustêm a Criação.

* * *

Se a consciência se deixa permear pela luz dos signos cósmicos, o que ela manifesta tem em si a energia da meta cósmica do homem. Um chamado incessante persiste. É preciso reunir toda a disposição para ir ao seu encontro.

* * *

A consciência dos signos cósmicos não conhece rotina; cada instante é a efetivação de um renascimento. Seu fogo sempre esculpe novas formas e revela novos tempos.

* * *

A dinâmica ativa o pulsar da vida quando a consciência estabelece sintonia com fontes cósmicas irradiantes. Se a vivência de um encontro com Hierarquias Maiores chega ao consciente de um ser, segredos lhe serão desvelados, e em suas mãos colocadas ferramentas mais adequadas para a colaboração na Obra. Nada consegue impor obstáculo à harmonia quando a luz dos signos cósmicos impregna um universo; por ela toda ação espelha o destino.

* * *

A Lei é irrevogável. O propósito, inconfundível. A luz dos signos cósmicos, inesgotável. A meta será cumprida pela reverberação da palavra já proferida. Sua energia vibra em planos internos e se potencializa. Progressivamente penetra a existência concreta, e a consciência atenta a percebe. Os Espelhos fazem-na circular velozmente pelos éteres. A intensificação da vida e da evolução encontra suporte no trabalho dos Espelhos. São eles que permitem o contínuo ingresso de correntes ígneas nos níveis da existência. Refletem o padrão que lhes foi designado expressar.

* * *

A luz dos signos cósmicos mais atuantes na órbita da Terra está operando intensamente por meio das vivências oníricas. Tanto revelações quanto o equilíbrio de situações retributivas estão ocorrendo durante o sono. A consciência da humanidade dispõe de ajudas inigualáveis para preparar-se para o serviço e para o cumprimento dos desígnios cósmicos.

* * *

A energia dos signos cósmicos está estimulando núcleos profundos, intensificando seu poder atrativo, o que permite à consciência penetrar os níveis ardentes[3] com maior rapidez. Com o alinhamento obtido desse modo, os corpos sutis são poupados de vagar nos conturbados níveis intermediários, indo diretamente ao âmago que os alenta, e, em decorrência disso, o sono torna-se uma fonte ainda mais poderosa de vivificação do ser.

* * *

O trabalho que o Sol realizou sobre este planeta formou uma base para que o fogo não definhasse no interior das partículas terrestres, embora o estado de consciência da Hierarquia solar esteja aquém do alcançado pelas fraternidades que representam os signos atualmente ativos neste sistema solar. Para que a energia dessas fraternidades se instale e crie prolongamentos e pontes na Terra, é necessário que haja mudança no estado vibratório de toda a vida nela existente. A Hierarquia, as civilizações intraterrenas e de superfície estão passando por ajustes para tornar possível esse cometimento. Há uma relação oculta entre a transmutação do Logos da Terra e a ativação dos signos cósmicos.

* * *

Quando uma consciência que ainda está formando sua ponte com as fraternidades cósmicas reconhece a luz de Aldebarã, o que em realidade está sendo captado é só uma pequena faixa do espectro dessa luz. Para que a Terra possa suportar a incidência da irradiação dos signos cósmicos, as

---

[3] **Níveis ardentes**: os níveis acima do nível mental são compostos de éter cósmico, que guarda em si ligações profundas com energias ígneas. Pelo potencial energético de que eles dispõem, são denominados níveis ardentes.

fraternidades que os representam criam nesta órbita o que se pode definir como prismas transformadores. São Espelhos que recebem o facho de luz desses signos (o Raio Cósmico) e o transformam em faixas de energias bem definidas (os sub-Raios do Raio Cósmico) e com potencial adequado para a capacidade terrestre. Porém, a energia preponderante num sub-Raio de uma dessas fraternidades difere da emitida pela Fraternidade de Sirius, que foi a única fraternidade tutelar da Terra até este momento.

* * *

A consagração pela qual a Terra está passando não se restringe ao Reino Humano. É o ingresso de todo um universo planetário nos caminhos de retorno à morada. A alegria brinda a vida das civilizações internas. O júbilo do encontro transborda de seus canais, e os homens receptivos à luz reconhecem a importância deste momento. Acima da vida mental a harmonia está implantada e, mais além, outras energias sagradas fazem-se presentes. A transcendência não é esquecimento; é superação de um estado, dissolvência dos vínculos com ele, entrega e união a níveis superiores. É a chave que permite à humanidade o contato com os signos.

* * *

No núcleo dos vórtices cósmicos estão as passagens para a vida imaterial. Um fio une-os ao Imutável; evolução e supraevolução encontram-se em seu âmago. Os signos cósmicos são por eles criados; são suas expressões.

* * *

A dependência de fatores externos é nociva ao aprofundamento dos contatos com os signos cósmicos. A luz que vem do infinito parte do intocável e ao intocável retorna, levando consigo, porém, as partículas que se deixam impulsionar. Nas cristas das montanhas ou nas profundezas dos vales, a presença da Hierarquia é marcante.

* * *

A vontade da Lei faz surgir no Infinito núcleos que, por meio do seu pulsar, geram os vórtices cósmicos. Esses vórtices são, portanto, uma das expressões primevas da vida; na vida têm sua origem, à vida conduzem o que originam. Os fogos são emanações desses vórtices. São sua palavra, seus instrumentos de criação.

Da interação dos fogos com a consciência que subsiste em todo o cosmos surgem os Raios e os signos, e assim o caminho da evolução é traçado nos universos.

* * *

O potencial de atração imanente à vida interna é elevado pela projeção dos signos, cujos representantes penetram a órbita da Terra, estabelecendo nela vínculos com mundos distantes. Com isso, os Espelhos deste planeta têm sua atuação estimulada. O espectro de energias, até então acessível, alarga-se, englobando vibrações dos níveis cósmicos intangíveis e permitindo que às mônadas se abram os portais do universo imaterial. O Regente-Avatar aproxima sua energia da consciência da mônada, revelando-lhe a insígnia que a ela é concedida.

* * *

A revelação dos signos cósmicos vem desmitificar os caminhos internos. Vem aproximar a verdade e dissipar a ilusão. O amanhã já bate às portas dos homens. Por que esperar? A fonte tem de ser mostrada com clareza aos olhos que ainda não se acostumaram ao fulgor da luz.

* * *

A integração dos núcleos que constituem as redes de energia das fraternidades cósmicas é, de modo exato, determinada pela Lei. Também o traçado dos caminhos que os fogos percorrem, unificando essas redes, é precisamente definido e revela importantes conjunturas. A futura Astrologia se desenvolverá nessas bases, porém só se mostrará quando os signos cósmicos estiverem mais profundamente impressos na órbita da Terra.

* * *

Como sons de uma escala, a vibração de cada signo cósmico ressoa no universo e, juntos, formam a sinfonia do cosmos. Este planeta está tendo suas energias afinadas ao diapasão de alguns desses signos. O mundo material e o mundo imaterial aproximam-se em meio aos sons, e a interação da essência com a consciência e com a forma deixa de ser meta para tornar-se realidade.

* * *

Cada facho de luz que parte da Fonte intensifica nos mundos ardentes a vibração de um dos signos cósmicos. A contínua focalização de consciências logoicas atualiza essa vibração. Essas consciências formam a base da vida intergaláctica, o sustentáculo da existência cósmica. Os *Logoi* são universos de consciência; abrangem estados incomensuráveis, conduzem os fogos que criam e dissipam os mundos formais.

* * *

Grandiosos são os destinos que se abrem à Terra com a revelação dos signos cósmicos. Os Espelhos estão sendo convocados e os mistérios da palavra devem ser conhecidos e usados. O som de cada um desses signos há de tornar-se audível, e os Espelhos são seus instrumentos de ressonância. Há, no Templo Maior, um potente núcleo de formação; nele, o Verbo se mostra para instruir. Os tempos pedem avanços consistentes. Nos éteres, os signos cósmicos já anunciam o encontro.

* * *

A consciência da humanidade está sendo impulsionada por ondas de magnitudes desconhecidas. A reverberação dos signos cósmicos está dissipando as trevas dos mundos terrestres. Uma obra sagrada está em ato; a própria luz do Sol curva-se à passagem dos raios dos signos celestiais. Para que este planeta possa ingressar em confederações cósmicas, a vida da Irmandade deve estar explícita nos seus níveis de manifestação. A aproximação dos signos celestiais vem realizar a consagração que elevará a Terra ao estado de membro da Irmandade.

* * *

Quando a projeção dos signos cósmicos se reflete na órbita de um planeta, as consciências que nele evoluem são impulsionadas a encontrar seu próprio meio de estar em contato com a luz. A leveza é uma necessidade para a penetração da luz desses signos; portanto, não se deve densificar os níveis psíquicos da Terra com a geração de padrões meramente humanos. Este é um tempo de silêncio e de autodescoberta. Isso está patente na atuação dos Instrutores, que só se revelam quando o aspirante já dissolveu seus mitos acerca da divindade. A fantasia é nociva à vibração dos signos. A aproximação a eles requer simplicidade e abertura ao vazio.

* * *

A projeção dos signos cósmicos define os níveis de existência. Sua vibração emite as frequências que escalonam as diversas energias existentes no cosmos. Sua essência envia a fagulha inicial, e, por meio da sua ressonância, cria-se o nível de estimulação, solo que recebe a semente, a causa da existência.

Intensificada pelo ardor da Criação, essa fagulha desdobra-se e gradualmente surgem dela os níveis de conceituação, captação e construção. Assim, o infinito cosmos delineia-se, e os planos de consciência emergem das gradações do fogo. O homem tem como destino colaborar nos processos criativos, porém agindo por intermédio de sua chispa interior, que é isenta de máculas.

* * *

A existência é um campo aberto para o desabrochar das ideias criadoras. A aproximação dos signos cósmicos vem despertar faculdades ocultas na essência da humanidade.

* * *

Para que o denso véu de ilusão seja removido por completo, por alguns instantes a vibração dos mares de fogo se manifestará na vida terrena, eliminando crostas endurecidas pelo apego à matéria. O princípio da onisciência poderá, então, aproximar-se dos homens libertos. Um grande empenho está sendo realizado no sentido de facultar aos homens a integração à Hierarquia. É preciso, porém, que se tornem permeáveis à vibração dos signos cósmicos, pois toda a estrutura energética do planeta na etapa vindoura será regulada pela emanação desses signos.

É preciso também conhecer a vida cósmica, a vida das congregações celestes, e para isso a visão deve desprender-se das formas e unir-se às causas que as determinam. A composição de um sistema solar, de uma galáxia e a disposição dos astros seguem leis internas, que geometrizam a constituição do cosmos para formar as conjunturas necessárias à evolução. O cosmos não conhece estagnação, seu pulsar é ininterrupto e conduz a vida que nele se desenvolve à consumação das metas de cada ciclo. Assim, a conformação dos universos muda, adequando-se aos desígnios da Lei. Na fagulha primeva dos signos cósmicos encontra-se o arquétipo que delineia esses ajustes.

* * *

A percussão da energia dos signos cósmicos efetiva os propósitos das confederações intergalácticas. Os membros dessas confederações trazem espelhada a marca que caracteriza o universo que eles representam. Um concílio é o encontro de mananciais cósmicos, para, no silêncio da união, projetar nos éteres os caminhos do futuro. É um mergulho na eternidade, atraindo a ela a vida evanescente. As fraternidades sustentam a consecução dos desígnios supremos; surgem dos signos e são expressões deles.

* * *

Alguns dos signos cósmicos que se desvelam ao homem são representados pelas Fraternidades de Aldebarã e Andrômeda[4]. Dos signos fazem parte universos infinitos, materiais e imateriais, que abarcam galáxias, sistemas solares, estrelas, planetas e asteroides. Uma fraternidade é um escalão de manifestação de um desses signos, como o são as linhagens hierárquicas do cosmos. A realeza é uma qualidade que se encontra nas bases das fraternidades.

* * *

Nos diversos níveis em que a energia de uma fraternidade se projeta podem ser percebidas formas simbólicas a ela relacionadas; nenhum elemento material, entretanto, pode englobá-las. Por isso, ao apresentarmos os signos cósmicos, não os revestimos de formas. A consciência deve ser colocada permanentemente diante do vazio; só assim poderá contatar as revelações do Absoluto. A tarefa de uma Hierarquia de Instrução é conduzir a vida à ascensão; assim, não se pode esperar que nesse trabalho sejam consideradas as expectativas mentais dos homens.

* * *

Os signos cósmicos exprimem a síntese num grau muito mais elevado do que ao homem é possível conceber. Serão necessárias, portanto, uma reordenação e uma ampliação dos parâmetros que foram revelados sobre os Raios para que a consciência do homem possa penetrar a vibração emitida pelos signos. Lidam com os Raios em nível cósmico, enquanto a humanidade até hoje teve seus contatos restritos aos sub-Raios do Segundo Raio Cósmico. A interação com os signos significa, pois, um intensíssimo impulso à síntese.

* * *

---

[4] Não se refere somente à contraparte física desses núcleos cósmicos.

Para que a humanidade possa iniciar seu relacionamento com os signos cósmicos, as energias deles estão sendo gradualmente introduzidas na esfera psíquica da Terra. O seu poder de clarificação por si só já é suficiente para pôr em ato a lei de purificação. Mas a purificação deste planeta é uma decorrência e não uma meta. A meta é a abertura para a vida cósmica, e as transformações requeridas serão efetivadas para que a consciência terrestre possa conviver com as fraternidades estelares.

* * *

A determinação de quais signos cósmicos devem atuar em um planeta a cada ciclo é transmitida pelo Logos solar, porém provém de instâncias mais elevadas. As iniciações da consciência de um ser vêm desvelar-lhe o signo característico do seu Regente, signo do qual o ser faz parte e que define o caminho cósmico que o aguarda. A iniciação que consagra o Avatar é o marco da absorção da luz do seu signo na luz de um signo maior. A comunicação com a Origem é assim estabelecida, e a fusão de Raios concede chaves criadoras ao Avatar. Na verdade, a Origem encontra-se em um só signo, que permanece inacessível até que o regresso chegue a seu termo.

* * *

A interseção de universos demanda ajustes e reordenação, alargando os limites aos quais os núcleos internos do ser estão circunscritos. Os signos cósmicos são fontes atrativas de grandeza inestimável, por meio dos quais o ser é conduzido à vida imaterial. Tal realização repercute em todos os seus níveis de existência, principalmente na mônada e no corpo de luz, que recebem os afluxos dessas correntes ascensionais, sendo por eles elevados a estados de pura energia ígnea e colocados em prontidão para o encontro com congregações cósmicas.

* * *

Na essência dos signos cósmicos está o Imutável; sua luz comunga do Absoluto e por isso nada pretende. O propósito surge da interação dessa luz com a manifestação da vida; a evolução o determina. A inalterabilidade é um aspecto da essência, enquanto a evolução é um atributo da vida manifestada. A luz dos signos auxilia a penetração nos veios ascendentes. Assim, quando cessa a busca da evolução, o Inalterável se revela, pois jamais esteve ausente.

* * *

Nos dias atuais, com a presença na Terra da luz dos signos cósmicos, há uma intensificação do poder das correntes energéticas que circulam em sua órbita. Por isso, muitos seres estão passando por importantes expansões de consciência. Esses signos conduzem a humanidade por vias que mais diretamente a facultarão alcançar as iniciações[5] no ciclo vindouro.

* * *

Os signos cósmicos testificam a ordem, conduzem a vida à sintonia e ao alinhamento com as nascentes cósmicas. Do silencioso borbulhar dessas nascentes, emergem os impulsos vivificadores do universo. A Hierarquia os acolhe; no interior dos seres os distribui, e assim a existência prossegue ao encontro da verdade.

---

[5] Vide O Mistério da Cruz na Atual Transição Planetária, do mesmo autor, Irdin Editora.

* * *

A luz dos signos cósmicos brilhou em todas as épocas; é intemporal. Todavia, a consciência humana não estava preparada para alcançá-la. O nascimento é apenas a conscientização de um estado, pois a existência *é*, infinitamente.

* * *

A luz de signos celestiais perfura o manto da noite. O sinal para sua aproximação foi dado pelo centro solar em resposta a um clamor emitido pela vida encarcerada na forma. O auxílio já existia e está sendo encontrado.

* * *

A permeação de energias siderais promove intensos movimentos no planeta. A luz trazida pelos signos cósmicos integra a vida concreta à unidade imaterial, mas a tensão psíquica tem de ser superada para que a consciência descubra o ajuste exato e preciso que a coloca em contato com o padrão do futuro. A consciência tem de estar voltada para a construção do amanhã. Sem inter-relacionamento com impulsos pioneiros, a inércia impregna-se na substância e a morosidade tolhe o poder criador.

* * *

A dinâmica da penetração das energias dos signos cósmicos na órbita da Terra está ajustando o tempo, colocando-o de acordo com a vibração de níveis cósmicos. Sendo ele uma percepção de planos mentais, isso denota que também a mente do Reino Humano deste planeta está passando por curas e transformações. Para que a lei dos ciclos possa ser instaurada, o relacionamento dos homens com a evolução deve ser amadurecido e sua percepção aproximar-se da eternidade.

* * *

A irradiação iniciática que os signos cósmicos trazem induz a seleção de energias e de metas. A síntese deve firmar bases na consciência terrestre para que os muitos propósitos possam dar lugar ao Propósito, e a existência planetária possa unificar-se à existência cósmica. O cosmos aguarda a Terra, pronto para partir. Esse pequeno passageiro não pode mais atrasar-se.

De

A QUINTA RAÇA[1]

A Lua sempre colaborou convosco, e agora chegou o momento de ficardes informados do que ela realmente representa[2]*. Sabeis várias coisas sobre ela, inclusive que pode ser considerada um "planeta morto", como vos foi explicado por Instrutores de outrora. Sim, é verdade que a Lua se desprendeu da Terra e que, depois, se tornou o que a antiga Astrologia e a ciência espiritual de ontem vos disseram. Mas hoje a Lua*

---

[1] Livro do mesmo autor, Irdin Editora.

[2] Os dois astros que mais diretamente agem sobre a vida terrestre, o Sol e a Lua, sempre representaram para o homem aspectos da energia que sustém e move o planeta. No passado, inúmeros foram os cultos aos deuses solares e lunares e, embora tenham sido dissolvidas as formas sob as quais esses cultos se manifestaram, suas raízes ainda estão vivas.

Certa fase da evolução humana caracterizou-se pelo culto aos deuses lunares, porém enfocando os aspectos mais densos da energia. A vibração lunar está especialmente ligada à matéria e às formas, por isso o astro físico que vemos no céu tem tanta ascendência sobre as forças telúricas e naturais. Essa ligação com a fervilhante vida da Natureza foi absorvida pelos antigos, que atribuíam a regência da vida material planetária a deuses ou, na maioria dos casos, a deusas.

No decorrer dos tempos, foi-se criando no subconsciente do planeta uma imagem da Lua que reforçava sua influência nas tendências mais primitivas dos seres humanos. Essa ideia, ainda em vigor para muitos, deveria ser atualizada. A título de esclarecimento sobre as funções da Lua neste sistema solar e junto a esta humanidade, é que transcrevemos esse trecho do livro A Quinta Raça, onde estão apresentadas informações reveladoras transmitidas pelas Hierarquias.

é uma nave-laboratório, porque civilizações adiantadas de galáxias distantes passaram a utilizá-la como tal. Foi retirado todo o material do seu bojo, tendo permanecido só a crosta externa[3]*, conforme era originalmente. Essa imensa nave é controlada a distância, e tem diferentes funções na atualidade.*

Uma delas é servir de base a seres muito evoluídos que vêm de mais de duzentos anos-luz de distância, sendo, para eles, parada obrigatória. Ali os seus corpos sutis ou imateriais são preparados para trabalhar na esfera terrestre sem apresentarem nenhum problema ao chegar aqui. As naves que esses seres utilizam precisam também adaptar-se à energia Ono-Zone atuante na Terra, pois cada planeta tem o seu próprio código energético. A Lua é um local de assentamento para eles que, após se adaptarem, descem à vossa órbita. É, porém, uma base que serve a todo este sistema solar, e não só à Terra.

A Lua regula vossas colheitas, armazena e processa energias curadoras, potencializando-as para enviá-las à Terra. A Lua dá virtudes aos vossos alimentos, e sua influência enriqueceu, com o decorrer das eras, os frutos da Terra. O homem da superfície acredita, no entanto, que esse desenvolvimento se deu devido ao avanço de sua ciência terrestre.

Pusestes muitas pedras no caminho que entre vós e a Lua era para ser percorrido em colaboração. Quando a ela mandastes sondas e satélites, inconscientemente guiados por vossos "cientistas", que desconhecem leis magnéticas, perturbastes em demasia o equilíbrio dessa grande nave, que, felizmente, sempre contou com uma potente supervisão. Apesar disso, a Lua continuou nutrindo os rios mortos por vós, favorecendo para que às sementes nunca faltasse a água

---

[3] Esses fatos transcorreram principalmente nos planos sutis da Lua e não nos seus níveis físicos.

necessária. Dominou os ventos que foram agitados e desatados, não naturalmente, pela colisão de energias atômicas com as do próprio planeta, onde fazeis vossas experiências mortíferas. Está controlando certas forças telúricas e vem mantendo, dentro do possível, o sistema de equilíbrio necessário em vossa galáxia, para vossa existência e subsistência.

Somai estes conhecimentos aos que já tendes e, assim, enviareis à Lua alguma vibração de amor. Com vossas experiências, pusestes em perigo populações inteiras, mas como a hora de sua partida ainda não chegou, a Lua pôde trabalhar também conforme a vossa Astrologia convencional, que está desatualizada, como podeis perceber. No nível da personalidade humana, a Lua tem contribuído para que muitas forças se desenvolvam. Assim, nesse nível, ela influenciou decisões em âmbito mundial, pois os governantes ainda estão polarizados na personalidade. Desse modo, foi possível desviar o rumo de certos acontecimentos históricos, que teriam sido mais catastróficos do que foram.

A Lua ajuda a preparar as regiões reservadas graças à sua radiação magnética. Nessas zonas, as águas se mantêm livres da intoxicação que cobre a vossa atmosfera neste momento.

A Lua dirigirá as areias que, abandonando os desertos atuais, irão cobrir as regiões que devem ficar inteiramente soterradas. Desviará cursos de rios até as regiões que devem ser por eles alimentadas, e conduzirá outros que mergulharão definitivamente nas águas mais amplas, para que sejam recuperados.

Ocorrerão muitos fatos ligados às influências da Lua, mas os governos não darão nenhuma voz de alerta; isso vai somar-se à sua responsabilidade de continuarem pactuando com situações que poderiam ser solucionadas, ou aliviadas.

Começando a lei da purificação a agir, tudo isso virá à tona e se tornará do conhecimento público.

A voz de alerta dos governos não soa, sob a desculpa de evitar o pânico; assim, a maioria poderá ser tomada de surpresa. A força dos ventos, as ondas avassaladoras dos mares e as forças telúricas vibrarão rapidamente e sua ação benéfica não será compreendida pelos desinformados.

Durante o resgate, a Lua não acolherá seres humanos retirados da superfície da Terra, pois essa não é sua tarefa. Seu trabalho será o controle das áreas que deverão desaparecer, permitindo o aniquilamento das forças negativas entre si.

Dentro da lei de purificação, e respondendo a ela, a Lua dirigirá o curso das geleiras glaciais, que terão um papel importante nessas operações da grande transição do universo-Terra.

Índice de notas

Livros de Trigueirinho

1987
- NOSSA VIDA NOS SONHOS
- A ENERGIA DOS RAIOS EM NOSSA VIDA

1988
- DO IRREAL AO REAL
- HORA DE CRESCER INTERIORMENTE
  – *O Mito de Hércules Hoje*
- A MORTE SEM MEDO E SEM CULPA
- CAMINHOS PARA A CURA INTERIOR

1989
- ERKS – *Mundo Interno*
- MIZ TLI TLAN – *Um Mundo que Desperta*
- AURORA – *Essência Cósmica Curadora*
- SINAIS DE CONTATO
- O NOVO COMEÇO DO MUNDO
- A QUINTA RAÇA
- PADRÕES DE CONDUTA PARA A NOVA HUMANIDADE
- NOVOS SINAIS DE CONTATO
- OS JARDINEIROS DO ESPAÇO

1990
- A BUSCA DA SÍNTESE
- A NAVE DE NOÉ
- TEMPO DE RETIRO E TEMPO DE VIGÍLIA

1991
- PORTAS DO COSMOS
- ENCONTRO INTERNO – *A Consciência-Nave*
- A HORA DO RESGATE
- O LIVRO DOS SINAIS
- MIRNA JAD – *Santuário Interior*
- AS CHAVES DE OURO

1992
- DAS LUTAS À PAZ
- A MORADA DOS ELÍSIOS (1992-1995)
- HORA DE CURAR – *A Existência Oculta*
- O RESSURGIMENTO DE FÁTIMA (*Lys*)
- HISTÓRIA ESCRITA NOS ESPELHOS
  – *Princípios de Comunicação Cósmica*
- PASSOS ATUAIS
- VIAGEM POR MUNDOS SUTIS
- SEGREDOS DESVELADOS – *Iberah e Anu Tea*
- A CRIAÇÃO – *Nos Caminhos da Energia*
- O MISTÉRIO DA CRUZ NA ATUAL TRANSIÇÃO PLANETÁRIA
- O NASCIMENTO DA HUMANIDADE FUTURA

1993
- AOS QUE DESPERTAM
- PAZ INTERNA EM TEMPOS CRÍTICOS
- A FORMAÇÃO DE CURADORES
- PROFECIAS AOS QUE NÃO TEMEM DIZER SIM
- A VOZ DE AMHAJ
- O VISITANTE – *O Caminho para Anu Tea*
- A CURA DA HUMANIDADE
- OS NÚMEROS E A VIDA – *Uma nova compreensão da simbologia oculta nos números*
- NISKALKAT – *Uma mensagem para os tempos de emergência*
- ENCONTROS COM A PAZ
- NOVOS ORÁCULOS
- UM NOVO IMPULSO ASTROLÓGICO

1994
- BASES DO MUNDO ARDENTE
  – *Indicações para contato com os mundos suprafísicos*
- CONTATOS COM UM MONASTÉRIO INTRATERRENO
- OS OCEANOS TÊM OUVIDOS
- A TRAJETÓRIA DO FOGO
- GLOSSÁRIO ESOTÉRICO

1995
- A LUZ DENTRO DE TI

1996
- PORTAL PARA UM REINO
- ALÉM DO CARMA

1997
- NÃO ESTAMOS SÓS
- VENTOS DO ESPÍRITO
- O ENCONTRO DO TEMPLO
- A PAZ EXISTE
- COLEÇÃO 21 LIVROS DE BOLSO

1998
- CAMINHO SEM SOMBRAS
- MENSAGENS PARA UMA VIDA DE HARMONIA

1999
- TOQUE DIVINO
- AROMAS DO ESPAÇO
- NOVA VIDA BATE À PORTA
- MAIS LUZ NO HORIZONTE
- O CAMPANÁRIO CÓSMICO
- NADA NOS FALTA
- SAGRADOS MISTÉRIOS
- ILHAS DE SALVAÇÃO

2003
- UM CHAMADO ESPECIAL
  (publicado originalmente em inglês com o título CALLING HUMANITY)

2004
- ÉS VIAJANTE CÓSMICO
- IMPULSOS
- PENSAMENTOS PARA TODO O ANO

2006
- TRABALHO ESPIRITUAL COM A MENTE

2009
- SINAIS DE BLAVATSKY
  – *Um inusitado encontro nos dias de hoje*

2012
- CONSCIÊNCIAS E HIERARQUIAS

2015
- MENSAGENS REUNIDAS
- MENSAGENS PARA SUA TRANSFORMAÇÃO

2017
- PÁGINAS DE AMOR E COMPREENSÃO

2018
- NOVOS TEMPOS, NOVA POSTURA

2019
- SELEÇÃO DE PENSAMENTOS *(4 volumes)*

2020
- VERSOS LIVRES

2021
- COLEÇÃO PEDAÇOS DE CÉU
  Aromas do Espaço / Nova Vida Bate à Porta / Mais Luz no Horizonte / O Campanário Cósmico / Nada nos Falta / Sagrados Mistérios / Ilhas de Salvação

2022
- COLEÇÃO SÍNTESES DE LUZ
  A Luz dentro de Ti / Portal para um Reino / Não Estamos Sós / Ventos do Espírito / O Encontro do Templo / A Paz Exisste / Caminho sem Sombras

**Publicados pela IRDIN Editora,
Carmo da Cachoeira/MG, Brasil**

Alguns livros do autor estão sendo editados em outros idiomas pela Associação Irdin Editora, Carmo da Cachoeira/MG, Brasil

Nossa presença digital

WEBSITES:
www.trigueirinho.org.br
www.irdin.org.br (obras de Trigueirinho)

YOUTUBE:
www.youtube.com/trigueirinhooficial
No canal do Youtube temos: “Pensamentos do Dia” postados diariamente, às 7h; Vídeos inéditos às quartas (15h30); Vídeos em outros idiomas às sextas (15h30). Transmissões ao vivo aos domingos, às 20h.

FACEBOOK:
@TrigueirinhoOficial

INSTAGRAM:
@irdin_editora

TELEGRAM:
@trigueirinho
@trigueirinho_partilhas

SPOTIFY (Podcast)
Trigueirinho – Ensinamentos Filosófico-Espirituais

E-MAIL:
Entre em contato conosco através do e-mail:
trigueirinho@comunidadefigueira.org.br

www.ingramcontent.com/pod-product-compliance
Ingram Content Group UK Ltd.
Pitfield, Milton Keynes, MK11 3LW, UK
UKHW022034041026
15591UKWH00013B/685

9 786588 468869